显著提高工作效率与质量
熟练掌握办公技巧

全彩印刷

Excel
函数与公式
最强教科书

［完全版］

[日] 北见昭子　著

曹海燕　译

U0244804

中国青年出版社

图书在版编目（CIP）数据

Excel函数与公式最强教科书: 完全版／(日)北见昭子著; 曹海燕译. — 北京: 中国青年出版社, 2022.1 (2024.1重印)
ISBN 978-7-5153-6506-0

I.①E⋯　II.①北⋯　②曹⋯　III.①表处理软件—教材　IV.①TP391.13

中国版本图书馆CIP数据核字 (2021) 第163272号

版权登记号: 01-2020-2819

Excel Kansu+Kumiawasejutsu [Jissen Business Nyumon Kouza][Kanzenban]
Copyright © 2019 Akiko Kitami
Originally published in Japan by SB Creative Corp.
Chinese (in simplified character only) translation rights arranged with
SB Creative Corp., Tokyo through CREEK & RIVER Co., Ltd.
All rights reserved.

侵权举报电话

全国"扫黄打非"工作小组办公室　　　　中国青年出版社
010-65212870　　　　　　　　　　　010-59231565
http://www.shdf.gov.cn　　　　　　　E-mail: editor@cypmedia.com

Excel函数与公式最强教科书: 完全版

著　　者：　[日] 北见昭子
译　　者：　曹海燕

编辑制作：　北京中青雄狮数码传媒科技有限公司
主　编：　张鹏
策划编辑：　张鹏
执行编辑：　张沣
责任编辑：　张瀛
营销编辑：　时宇飞
封面设计：　乌兰
出版发行：　中国青年出版社
社　址：　北京市东城区东四十二条21号
网　址：　www.cyp.com.cn
电　话：　010-59231565
传　真：　010-59231381

印　刷：　天津融正印刷有限公司
规　格：　880mm×1230mm　1/32
印　张：　11
字　数：　428千字
版　次：　2022年1月北京第1版
印　次：　2024年1月第3次印刷
书　号：　ISBN 978-7-5153-6506-0
定　价：　89.80元
(附赠超值秘料, 含案例文件, 关注封底公众号获取)

如有印装质量问题, 请与本社联系调换
电话: 010-59231565
读者来信: reader@cypmedia.com
投稿邮箱: author@cypmedia.com
如有其他问题访问我们的网站: http://www.cypmedia.com

引言 | **Introduction**

Excel是商务活动中必不可少的软件，可用于数据的统计、计算、处理和分析等各种情况。支持Excel这些强大功能的就是"函数"。**我们可以利用函数快速执行四则运算根本无法实现的复杂计算**，从而节约很多时间。

此外，通过"组合"多个函数，可以扩展函数的处理能力。**掌握Excel中"函数"和"组合函数"，会大大提高我们的工作效率。**

那么，如何才能高效学习Excel的函数使用技巧呢？答案很简单。我们要做的就是掌握商务场景中经常使用的"少数精锐函数"，并且要"彻底琢磨透少数精锐函数的组合技术"。对于那些工作繁忙的商务人士而言，"学习少数精锐函数"是切实可行的学习方法。

例如，本书中介绍了可用于汇总销售表的SUMIF函数，首先，我们仔细说明了该函数的基本汇总方法，例如"按产品汇总"和"按区域汇总"。然后，又将其与操作日期的函数结合，例如"按月汇总""按季度汇总""按每月20号为截止日期汇总"。另外，我们还会介绍许多可以立即投入使用的函数的活用方法。

另外，我们特别注重解说的条理性。大家可以快速地翻阅本书。**我们对图注内容、输入的公式和函数格式这三项内容采用了不同的区分颜色。这样，大家可以一目了然地理解页面中的单元格与公式之间的关系及其语法含义。**

无论您是初次使用函数的初学者，还是此前一直暗自努力学习并希望借此机会获得专业技能的初学者，都不必担心看不懂，本书非常便于大家理解。

作为本书的作者，如果本书中所介绍的函数的处理方法可以帮助大家提高函数处理技能并提高您的工作效率，本人将喜不自胜。

［日］北见昭子

本书使用方法

本书讲解了Excel的基本使用方法、函数的基本知识、商务应用中常用的函数、数据汇总、数值处理、成绩管理、条件分支和值的判断等行之有效的技巧和方法。

页面构成

项目标题

项目标题是根据操作目的设定的，因此您可以根据自己想要了解的内容找到其操作方法。操作内容按章节进行了分类。

解说

本书对操作内容进行了详细的解说。特别重要的地方用黄色做出了标记。

操作顺序的格式

本书特意说明了操作过程中所使用到的函数的格式。图注内容、输入的公式和函数的格式内容采用了不同的颜色标注，可以一目了然地看出公式之间的关系并理解其含义。

格式

对此项目中使用到的函数的格式进行了系统详细的说明。

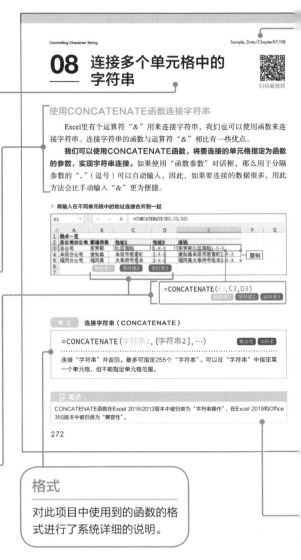

Controlling Character String　　　　Sample_Data/Chapter07/08

08 连接多个单元格中的字符串

扫码看视频

使用CONCATENATE函数连接字符串

Excel里有个运算符"&"用来连接字符串，我们也可以使用函数来连接字符串。连接字符串的函数与运算符"&"相比有一些优点。

我们可以使用CONCATENATE函数，**将要连接的单元格指定为函数的参数，实现字符串连接**。如果使用"函数参数"对话框，那么用于分隔参数的","（逗号）可以自动输入，因此，如果要连接的数据很多，用此方法会比手动输入"&"更为便捷。

● 将输入在不同单元格中的地址连接合并到一起

=CONCATENATE(B3,C3,D3)

格式　连接字符串（CONCATENATE）

=CONCATENATE(字符串1, [字符串2], …)　兼容性　字符串

连接"字符串"并返回。最多可指定255个"字符串"。可以在"字符串"中指定某一个单元格，但不能指定单元格范围。

📝 笔记

CONCATENATE函数在Excel 2016/2013版本中被归类为"字符串操作"，在Excel 2019和Office 365版本中被归类为"兼容性"。

272

使用CONCAT函数连接字符串 `2019` `365`

在Excel 2019和Office 365版本中的Excel中，替代CONCATENATE函数的新函数是CONCAT函数。**与CONCATENATE函数不同，该函数可将单元格范围指定为参数，所以更加方便。** 它可以一次性连接连续的单元格范围内的字符串。

● 连接输入在不同单元格中的住址并将其合并

=CONCAT(B3:D3)
字符串1

格式　　连接字符串（CONCAT）

=CONCAT(字符串1, [字符串2], …)　　字符串

连接"字符串"并返回。最多可指定254个"字符串"。可将"字符串"指定为单元格范围。可以与Excel 2019和Office 365版本兼容。

⎙ 专栏　　如何指定含有双引号的字符串？

在被双引号括起来的字符串中重复输入两个双引号，可在字符串中显示一个 """。

C	D
Hello!	I said "Hello!".

=CONCATENATE("I said """",C1,"""".")

第7章　字符串操作和格式的统一

案例文件

可以下载本书中的Excel工作簿文件。学习时可以灵活练习。

操作步骤

操作步骤是对具体的操作细节的说明。按照号码顺序进行操作。

专栏

专栏与解说内容不同，最好记住专栏中的有用的内容。

实用专业技巧

介绍需要深入理解的Excel各种实用功能，例如函数更高级的便捷用法、应用示例和使用方法等。在理解了本文的操作步骤后，一定试着挑战一下。

笔记

笔记是有关项目内容和操作步骤的附加信息，可以更深入地了解操作内容。

目录 | Contents

第**3**章　数值处理与绩效管理

目录

第6章　日期和时间计算

第7章　字符串操作和格式的统一

第 **8** 章　**Excel进阶技能：函数的组合使用**

第 **1** 章

首先要了解这些：
函数的基础

Learning Tips for Beginners: Basic Functions

01 学习重点函数，巧用组合事半功倍

扫码看视频

什么是函数

函数是一种重要的功能，它能扩展人们使用Excel进行的操作。那么，到底什么是函数呢？

函数是一种使人们可以轻松使用单个公式执行复杂计算的一种机制。例如，将下图表中的所有数值相加，如果像这样"＝B3＋B4＋B5＋B6＋B7＋B8＋B9＋B10＋B11＋C3＋C4＋…＋M11"一个个输入单元格编号的话会非常麻烦。

但是，如果使用SUM函数，则只需输入"=SUM（B3:M11）"，即可轻松汇总从单元格B3到单元格M11的108个数值。这种方法能极大地节约时间。因此，我们没有理由不去使用函数。

● 使用函数可利用简单的公式执行烦琐的计算

O3				✕	✓	fx	=SUM(B3:M11)						
▲	A	B	C	D	E	F	G	H	I	J	K	L	M	N	O
1	新合同数量														
2		4月	5月	6月	7月	8月	9月	10月	11月	12月	1月	2月	3月		年度总计
3	札幌分公司	48	50	57	60	45	45	40	56	59	41	44	53		12,107
4	仙台分公司	66	60	80	74	73	66	66	63	77	80	70	63		
5	东京总公司	205	219	218	212	200	215	203	206	208	216	206	214		
6	横滨分公司	117	104	109	113	107	105	118	111	111	106	107	110		
7	名古屋分公司	130	133	129	132	140	129	137	126	135	127	132	134		
8	京都分公司	154	156	158	170	159	157	150	164	151	168	170	151		
9	神户分公司	94	92	91	94	91	92	83	80	90	87	100	100		
10	广岛分公司	83	70	77	70	90	70	86	82	88	75	74	77		
11	福冈分公司	108	110	105	119	105	120	107	103	106	102	106	112		
12															

✕ 输入麻烦 ｜ =B3+B4+B5+B6+B7+B8+B9+B10+B11+…+M11

○ 公式简洁 ｜ =SUM（B3：M11）

记住一些重要的函数

Excel中有近500个函数。有人可能会不自信地说："我无论如何记不了这么多……"但是，现在我们就放弃还为时过早。

在这500个函数中，大多数的函数主要是数学、统计、金融等一些领域的专家在使用。一般业务场景中使用的函数最多50个左右。换句话说，掌握住这50个函数就完全可以处理大部分的工作。本书将重点介绍在业务场景中经常使用的一些函数。选择并掌握这些重要的函数是攻克函数的一条捷径。

● 选择并记住一些少量的常用函数

组合使用函数事半功倍

函数的用途很多，包括数值计算、日期操作、字符串操作和表的检索。单独使用函数已经很便捷了，组合使用时其功能会更加强大。例如，使用SUMIF函数可以提取和汇总满足条件的所有数据。当按产品或客户来计算销售额时，使用这个函数非常方便。

通过将这个函数与从日期中提取"月份"的MONTH函数结合使用，可以得出按月汇总的每日销售数据。此外，如果结合使用进行小数舍入的ROUNDDOWN函数，则可以使复杂的计算变得简单，例如"以10岁为单位按年龄段进行汇总"。**组合使用函数可以进一步扩展函数的可能性，使之成为功能更强大的工具。**

02 函数的基础：理解函数的格式

扫码看视频

了解函数的工作原理与基本术语

在开始学习函数之前，我们大致了解一下函数的工作原理与结构。所有的函数都有一个让人联想到其功能的名称。例如，求和函数的名称来自英语单词的SUM，SUM这个英文单词就是"合计"的意思，而从字符串的左边提取指定数量字符的LEFT函数，其名称就是"左"的意思。

几乎所有的函数都需要数据来进行运算。例如，SUM函数需要用来求和的数值数据。LEFT函数需要字符串数据和字符数数据。这种用于运行函数的数据称为"参数"。函数的结果称为"返回值"。**使用函数的过程可以看成是将参数传递给函数并得到返回值的过程。**

● 传递给函数的数据叫作"参数"，函数返回的值叫作"返回值"

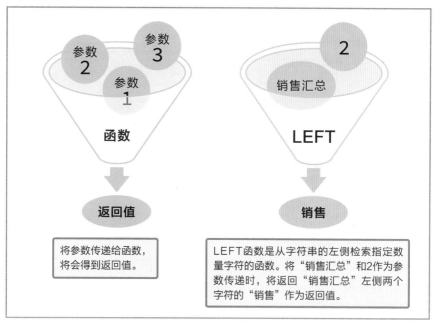

将参数传递给函数，将会得到返回值。

LEFT函数是从字符串的左侧检索指定数量字符的函数。将"销售汇总"和2作为参数传递时，将返回"销售汇总"左侧两个字符的"销售"作为返回值。

掌握函数的结构

　　和输入普通公式一样，在单元格中输入函数时也用"="（等于号）开始。"="表示之后输入的是公式。在"="后输入函数名称，并在"()"（括号）中指定参数。参数的类型和数量因函数的不同而不同。指定多个参数时，要用","（逗号）将参数隔开。另外，"=""()"和","都是半角字符。

格 式　函数的格式

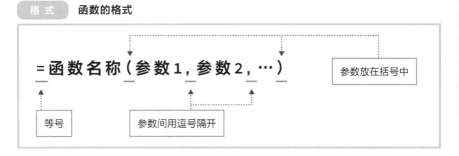

　　可指定为参数的数据多种多样，有数值、字符串、单元格和单元格范围等。**可以直接将数值指定为参数，也可以将字符串括在""（双引号）中作为指定参数。** 指定单元格范围时，要使用"："（冒号）来连接起点和终点的单元格编号。

格 式　参数的指定示例

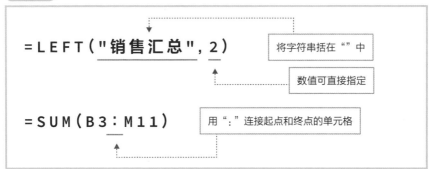

　　如果将单元格编号指定为参数，则该单元格的值将用于该函数。在创建公式时，**指定一个单元格编号而不是单元格的值作为函数的参数的情况被称为"单元格引用"。**

类型	示例	备注
数值	100、1.56、8%	
日期、时间	"2019/1/3"、"12:34:56"	日期的详细解说参照 p.214
字符串	"Excel"	用 " " 指定空字符串
布尔值	TRUE、FALSE	详细解说参照 p.150
错误值	#DIV/O!、#N/A	详细解说参照 p.172
数组常数	{10,20,30}	详细解说参照 p.212

　　另外，一些参数可以省略。本书在介绍函数的格式时，将可省略的参数括在了"[]"中来表示。下面的LEFT函数中，必须指定"字符串"作为参数，"字符数"可以省略。

格 式　**函数格式示例**

=LEFT(字符串,[字符数])　　　　　　　　　　　　字符串

....

从"字符串"的开头提取和"字符数"等量的字符串。如果省略"字符数"，则从"字符串"的开头提取一个字符。

选择函数比记住函数格式更重要

　　函数必须按照固定的格式进行输入。但这**并不意味着要完全记住函数的格式**。输入函数时，**强大的输入辅助功能将发挥作用**。即使记不清函数名称或不知道参数的输入顺序，也可以毫不费力地进行输入。所以，这点完全不必担心。

● Excel会帮助我们进行函数的输入

	A	B	C	D	E	F	G	H
1	产品代码一览							
2	No	产品代码	分类编号	细分编号				
3	1	TSO-101	=LEFT(					
4	2	HTK-211	=LEFT(字符串, [字符数])					
5	3	KZK-321			Excel具有各种输入辅助功能			
6	4	RTK-401						
7								

比记住函数格式更重要的是拥有正确选择函数的能力。

因此，重要的是把握常用函数的功能。在看到一些函数，例如工作时共享文件中使用的函数，在网络或书中看到的函数等，无论什么时候，一旦发现功能便捷的函数，要尽量尝试着将该函数与其使用的场景关联起来并记住它。

了解函数的分类

Excel的函数可按功能来分类。输入函数时，可以从分类中选择函数并输入，但是，运用该方法的前提是了解函数的分类。

了解函数的大致功能分类后，就可以更快地确定目标函数属于哪一类。

Excel的函数按其功能可以分为12类。另有一种称为"兼容性函数"的分类，该分类集合了早期版本中的所有函数。下表列出了函数的分类和其功能。熟记下表以确保可以准确地进行实际操作。

● 函数的12+1种分类

分类	功能
财务函数	财务计算，例如贷款和资金储蓄等
逻辑函数	条件判断、逻辑计算、错误处理
文本函数	字符串的提取、替换、搜索，符号转换
日期和时间函数	日期和时间的计算
查询和引用函数	搜索表、操作单元格引用、操作行和列
数学和三角函数	数值计算、数字取整、数学计算
统计函数	求平均值、最大值和最小值等统计值的计算
工程函数	计数法转换、位运算、科学计算
立方体函数	从 SSAS 的多维数据集获取数据结构和聚合值
信息函数	获取单元格和工作表信息
Web 函数	从 Web 服务器提取数据（Excel 2013 或更高版本）
数据库函数	数据库格式的汇总表
兼容性函数	旧版本的函数

03 使用输入辅助功能 轻松输入函数

扫码看视频

用"自动求和"功能快速计算合计、平均值和最大值

函数有多种输入方法。无论使用哪种方法，Excel都会提供输入辅助功能。

最常用的函数是SUM求和函数。Excel提供了一个"自动求和"的功能，可以快速地输入这个常用的求和函数。"自动求和"是一个非常方便的功能，**只需单击一下按钮即可自动识别合计范围，并自动输入SUM函数。**

● 使用"自动求和"进行数值求和

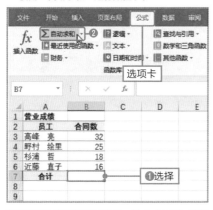

选择要进行求和的单元格❶，单击"公式"选项卡下的"自动求和"按钮❷。

自动识别合计范围❸，输入SUM函数❹。确认输入的公式后按下 Enter 键❺。

📝 笔记

也可以通过"开始"选项卡下的"自动求和"按钮来实现该功能。

8

显示SUM函数的返回值❻。选择单元格并查看公式栏，可以确认SUM函数的公式❼。

📄 专栏　　**求平均值、数值数量、最大值、最小值的方法**

也可以在单击"自动求和"下三角按钮▼时弹出的下拉菜单中，选择合计方法。与上面求和一样，将自动识别汇总的单元格。

类型	函数
求和	SUM（求和）
平均值	AVERAGE（求平均值）
计数	COUNT（求数据个数）
最大值	MAX（求最大值）
最小值	MIN（求最小值）

📄 专栏　　**自动识别的计算单元格范围出错时怎么办？**

"自动求和"功能会自动识别在所选单元格上方或左侧输入数值的单元格范围。如果识别有误，可以拖动自动识别的单元格区域周围闪烁边框以修改单元格范围。

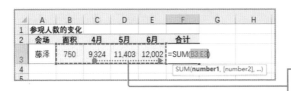

拖动选择正确的求和单元格范围

使用函数的分类按钮输入函数

使用"公式"选项卡下的函数分类按钮，可以按照对话框中的提示输入参数。 除函数名称外，用于分隔参数的"，"和用于输入字符串的""""也会被自动输入。

● 使用"公式"选项卡下函数分类按钮输入函数

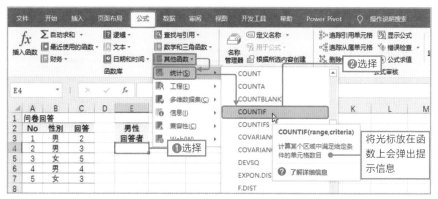

"公式"选项卡下排列了"逻辑""文本""日期和时间"等分类按钮。单击"其他函数"按钮，可以找到选项卡中未显示的类别。选择单元格❶，然后依次选择"其他函数"→"统计"→COUNTIF❷。

弹出"函数参数"对话框。如果要指定一个单元格或单元格范围作为参数，则单击参数的输入栏❸，然后单击或拖动单元格❹。

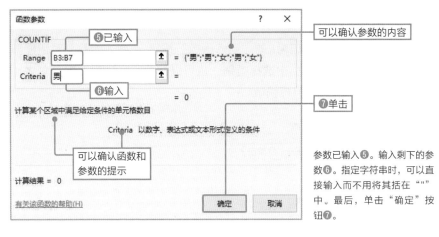

可以确认参数的内容

⑦单击

参数已输入❺。输入剩下的参数❻。指定字符串时，可以直接输入而不用将其括在"""中。最后，单击"确定"按钮❼。

⑨显示公式

⑧显示结果

函数输入后，会显示出其结果❽。输入的公式将显示在公式栏中❾。参数由"，"自动分隔，字符串由""""括起来。这儿我们使用了COUNTIF函数，计算出了单元格范围B3:B7中"男"的数量。

📝 专栏　　**SUM函数在"数学和三角函数"中，AVERAGE函数在"统计"中**

即使不知道函数的分类，也可以通过查看选项卡下的按钮名称来粗略估计目标函数所在的分类，很多时候我们通过单击选项卡下的一个或两个按钮即可找到目标函数。

在使用频度较高的函数中，与合计有关的函数包含在"数学和三角函数"中，求平均值、数据的个数、最大值等的函数在"其他函数"里面的"统计"中。

使用函数输入按钮f_x

　　单击公式栏左侧标记为f_x的"插入函数"按钮，"插入函数"对话框即被打开。我们可以从分类中选择类别，也可以按关键字进行搜索，总之，可以使用多种方法找到目标函数。

● 利用"插入函数"按钮输入函数

选择单元格❶，单击"插入函数"按钮❷。

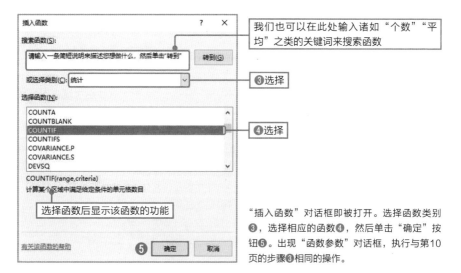

我们也可以在此处输入诸如"个数""平均"之类的关键词来搜索函数

"插入函数"对话框即被打开。选择函数类别❸，选择相应的函数❹，然后单击"确定"按钮❺。出现"函数参数"对话框，执行与第10页的步骤❸相同的操作。

📖 专栏　　**不知道函数的分类时可以从所有函数的列表中选择该函数**

　　在"插入函数"对话框的"或选择类别"列表中选择"全部"，则可以在全部函数的列表中选择目标函数。

手动快速输入函数

对于习惯键盘输入的用户来说，或许直接手动输入函数到单元格中会更快捷。由于Excel具有输入辅助功能，所以即便对函数的拼写记忆模糊也没有关系。为使输入辅助功能正常工作，需要在输入模式为"半角英文"模式下进行输入。

● **手动输入函数**

选择要输入LEFT函数的单元格，输入"=L"（L可以小写）❶，系统会列出以L开头的所有函数的名称。使用下方向键 ⬇ 选定目标函数，然后按下 Tab 键或者双击该目标函数❷。

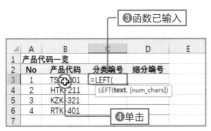

函数已输入，进入等待输入参数的状态❸。我们可以根据系统弹出的参数输入格式提示来输入参数。然后单击或拖动单元格，将单元格或单元格范围作为参数输入❹。

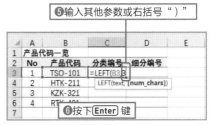

在指定多个参数时，用"，"将各个参数隔开。最后输入"）"结束输入❺，按下 Enter 键❻，函数的结果将显示在单元格中。

📄 专栏　　**在新版本Excel中可以输入函数部分名称来选择目标函数**

在Excel 2019或Office 365中的Excel里，可以在拼写完成一部分函数名称的时候，选择目标函数。例如，在单元格中输入"= DAY"，那么除了以DAY开头的函数外，列表中还会显示名称中包含DAY的函数，例如TODAY、NETWORKDAYS、WEEKDAY和WORKDAY等。

04 知道这个技巧非常必要：帮助的使用方法

扫码看视频

当需要了解某一函数的时候应该怎么做？

输入函数时，无论使用什么方法输入，我们都可以边确认其功能和格式边输入。但是有时我们或许会想要了解函数的更多详细信息。下面介绍帮助的使用方法。

想要显示函数的帮助，可以按下 F1 键打开帮助页面。如果在"帮助搜索"窗口中输入函数名称或函数的功能等关键词，则可以显示函数的帮助。

● 按下 F1 键查找帮助

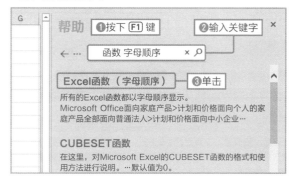

按下 F1 键（根据机型不同有时还需同时按下 Fn 键）❶，打开帮助页面。
在搜索窗口中输入"函数 按字母顺序"后，按下 Enter 键❷，然后在搜索结果中单击"Excel函数（按字母顺序）"❸。

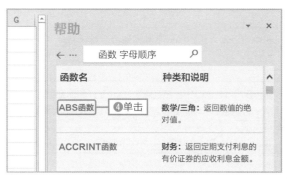

函数列表即显示出来。向下拖动滚动条并单击想要了解的函数❹，该函数的帮助信息会显示出来，可以查看该函数的功能、格式、参数的指定示例、函数的使用示例等。
如果知道要查找的函数的名称，那么直接在搜索窗口中输入函数的名称会查找得更快一些。

实用专业技巧！ **输入函数时调出帮助的方法**

如果在输入函数时需要帮助，则可以立即调出帮助。执行以下任意一种操作，启动Web浏览器，函数的帮助将会显示出来。

❶单击弹出的函数提示框中的函数名称。

❷在"插入函数"对话框中单击"有关该函数的帮助"。

❸在"函数参数"对话框中单击"有关该函数的帮助"。

❶从弹出的提示框调出帮助

❷从"插入函数"对话框调出帮助

单击弹出提示框中的函数名称，或在"插入函数""函数参数"对话框中单击"有关该函数的帮助"链接。

❸从"函数参数"对话框调出帮助

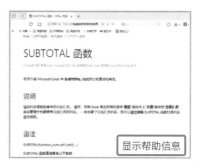

显示帮助信息

Web浏览器启动，并显示函数的帮助信息。

05 参数输入错误时的修改技巧

扫码看视频

重新调出"函数参数"对话框进行修改

当需要更正函数的参数时,例如输入错误或需要添加新的数据作为计算目标时,可以在"函数参数"对话框中重新指定参数,或用鼠标调整单元格范围。

单击"插入函数"按钮后,会弹出"函数参数"对话框,可以用它来修改参数。

● 单击"插入函数"按钮,重新显示"函数参数"对话框

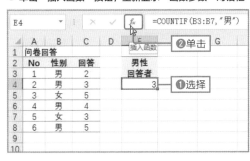

选择输入公式的单元格❶,单击"插入函数"按钮❷,"函数参数"对话框即会打开。
删除参数❸,再次拖动以指定目标的范围❹,单击"确定"按钮❺,公式即被修改。

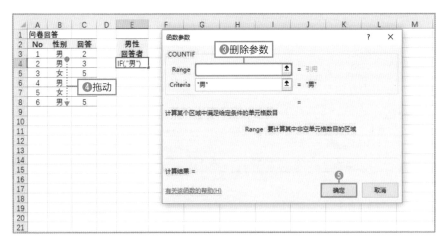

16

在可编辑模式下修改公式

双击单元格进入编辑模式，可直接修改公式。也可以使用色框来进行修改。

● 在可编辑模式下修改公式

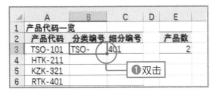 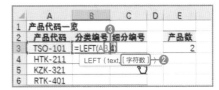

假设我们要将函数的参数4更改为3。双击单元格❶，进入可编辑模式即可修改公式。单击弹出提示框中的第2个参数名❷，公式中的4会被选中❸，这样就可快速更改它。另外，我们也可以使用公式栏来进行修改。

● 使用色框更改参数的单元格编号

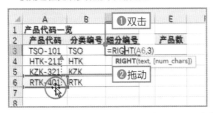 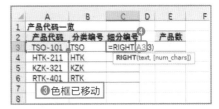

假设我们想要将函数参数由A6更改为A3，则双击输入了公式的单元格❶，参数所指向的单元格会被色框包住。将指针移到边框上并拖动❷，色框会移动❸，参数也会被更改❹。

● 使用色框更改单元格范围参数

假设要将函数参数由A3:A4修改为A3:A6，则双击输入公式的单元格❶，参数所指向的单元格范围将被彩色框包住。将指针移到色框的边角并拖动❷，色框的大小会被更改，参数所指向的单元格范围也会更改。

17

06 正确使用相对引用和绝对引用

扫码看视频

复制公式时单元格引用会自动调整

输入公式时，先将公式输入到第一个单元格中，然后可以复制公式一直到表格的末尾。复制公式后，单元格引用也会被复制，在通常情况下，复制后的公式仍可进行正确的计算。

例如，**在公式中引用单元格A1，则向下复制时，将依次为A1、A2、A3……如果向右复制，则依次为A1、B1、C1……**这种单元引用称为"相对引用"。

● 使用相对引用复制公式

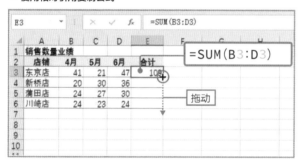

在单元格E3中，输入了公式"=SUM（B3:D3）"，以计算4月至6月东京店的销售数量。选择此单元格，然后将指针移动到单元格右下角的边框上，指针会变为一个十字形。在该状态下向下拖动边框。

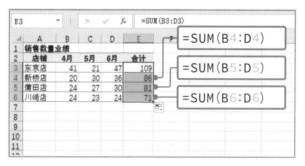

公式已被复制。
由相对引用（见下页）指定的单元格范围"B3:D3"的行号3会变为4、5、6，所以，在复制的目标单元格中，可以正确获取每行的合计。

使用绝对引用来固定单元格引用

复制公式时，有时单元格引用自动更改也会很麻烦。比如下图中的单元格C3，为了获取产品PR101的销售额构成比，我们输入了公式"=B3/B6"，意思是"PR101的销售额÷全部产品的总销售额"。如果像上页那样向下复制的话，则会发生错误。

这是因为在复制目标单元格中的公式中，表示"全部产品的总销售额"的单元格B6发生了变化，复制目标单元格中的公式变成了"产品的销售额÷空白单元格"。

● 使用相对引用复制公式时出现的错误

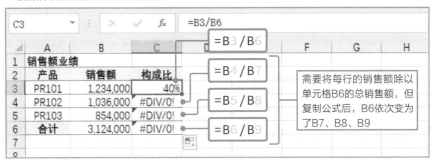

**要固定单元格引用，使其在复制公式时不发生变化，可以在行号和列号之前添加"$"，以"$A$1"的形式进行输入。**这种类型的单元格引用称为"绝对引用"。在本公式中，我们输入了"=B3/$B$6"，将要递增的B3设为相对引用，将要固定的B6设为绝对引用，那么，在复制的目标行中即可以进行正确计算。

● 修改B6为绝对引用并复制公式，计算正确结果

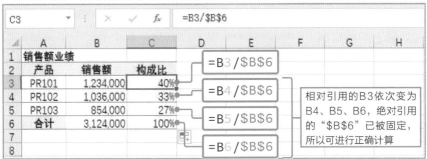

使用 F4 键快速输入绝对引用

将单元格引用变为绝对引用时，手动输入"$"比较麻烦。将光标放在单元格编号之后或在拖动选中单元格编号后按下 F4 键，可以轻松将单元格引用更改为绝对引用。

● 输入公式时将单元格引用更改为绝对引用

在单元格中输入"=B3/B6"，在B6后面出现光标时按下 F4 键❶，B6将变成绝对引用格式"$B$6"❷。如果在输入单元格范围后，例如B3:B5，按下 F4 键，那么整个单元格范围的引用将会变成绝对引用"$B$3:$B$5"。

● 输入公式后将单元格引用变为绝对引用

选择单元格，在公式栏中拖动选中单元格编号，然后按下 F4 键❶，拖动选中的部分变成了绝对引用。当选择了如"B3:B5"之类的单元格范围并按下 F4 键后，整个单元格范围的引用会变成绝对引用"$B$3:$B$5"❷。

组合使用相对引用和绝对引用

单元格范围的引用方法除了如B3:B6相对引用和"$B$3:$B$6"绝对引用之外，还可组合使用相对引用和绝对引用方法，如"$B$3:B6"。

以下示例使用了SUM函数来获取累计数量。表中第一个单元格公式"=SUM（$B$3:B3）"表示"对B3至B3内的单元格进行求和"。如果将此公式向下复制，则绝对引用起始单元格保持为"$B$3"，相对引用的终点单元格会依次变为B4、B5、B6。也就是说，合计对象的单元格范围将依次扩展为B3:B4、B3:B5和B3:B6。这样，我们会求出所有行中从第1行到当前行的销售数量的合计。另外，复制后单元格左上侧出现绿色三角形，请参考第116页中的相关内容。

● 使用相对引用和绝对引用的组合技巧进行累计计算

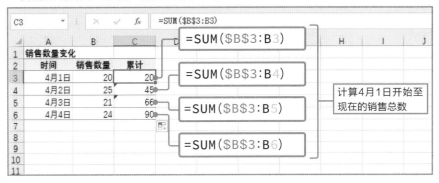

📝 专栏　　复制公式后表格的格式被破坏

向下复制公式时，格式将会与公式一起复制，因此，表的原有格式可能会被破坏❶。

这时，单击复制后出现的"自动填充选项"按钮❷，然后选择"不带格式填充"选项 ❸，可将格式恢复到原来的状态❹。

07 攻克最难的单元格引用方法——复合引用

扫码看视频

使用仅固定列的复合引用

除了相对引用和绝对引用，单元格引用中**还有一种仅固定行或仅固定列的"复合引用"**。下面我们看看它的使用场景。

在下图的黄色单元格中，公式"业绩数÷月目标"用来计算销售目标达成率。可以看到任何公式中作为除数的单元格的列号均为B。

● 始终将B列的单元格作为除数进行除法运算

	A	B	C	D	E	F	G	H	I
1	销售业绩表								
2	产品	月目标	业绩数			目标达成率			
3			7月	8月	9月	7月	8月	9月	
4	PK101	500	475	486	512	C4÷B4	D4÷B4	E4÷B4	
5	PK102	400	430	418	422	C5÷B5	D5÷B5	E5÷B5	
6	PK103	300	287	297	316	C6÷B6	D6÷B6	E6÷B6	
7									
8									
9	除数是B4~B6		被除数是C4~E6			要计算"业绩数÷月目标"		作为除数的单元格的列号始终为B	
10									

我们思考一下，在"目标达成率"的第一个单元格F4中输入公式时，由于作为除数的列号被固定为B，因此可以指定为"$B4"，其中列指定为绝对引用，行指定为相对引用。那么整个公式可变为"=C4/$B4"。

复制这个公式后，被除数将会正确地随复制目标单元格的变化而变化。因为除数的列号被固定为B，所以只有行号是随复制目标的变化而自动变化的。

● 仅固定除数的列号后复制公式

在"目标达成率"的第一个单元格中输入"=C4/B4"❶，然后按3次 F4 键❷，（参考本页的专栏内容）。

❶输入"=C4/B4" ❷按3次 F4 键

B4变为仅固定列的复合引用"$B4"❸，按 Enter 键确认❹，单击［开始］选项卡下的"%"按钮将其显示为百分比。

❸公式变成"=C4/$B4" ❹按 Enter 键

向下和向右复制输入的公式❺，目标达成率会在每个单元格中计算出来。

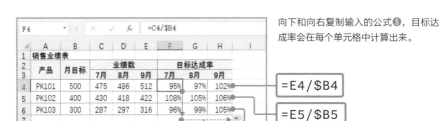

=E4/$B4

=E5/$B5

❺复制

=E6/$B6

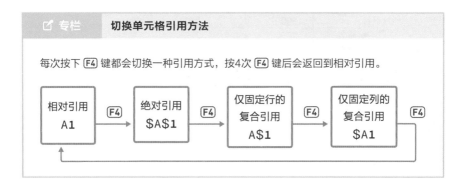

✓ 专栏　　　切换单元格引用方法

每次按下 F4 键都会切换一种引用方式，按4次 F4 键后会返回到相对引用。

相对引用 A1 —F4→ 绝对引用 $A$1 —F4→ 仅固定行的复合引用 A$1 —F4→ 仅固定列的复合引用 $A1 —F4→

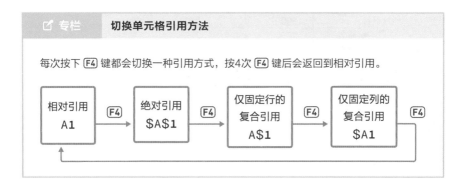

23

使用仅固定行的复合引用

以下示例是第22页的表格的重组。在"达成率"一栏（黄色单元格），其公式为"业绩数÷月目标"。可以看到作为所有公式除数单元格的行号均为3。这种情况下，我们可以将除数指定为仅固定行的复合引用，例如"=C4/C$3"。

● 始终将第3行中的单元格作为除数进行除法运算

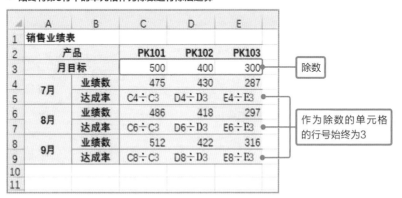

● 仅固定除数的行号后复制公式

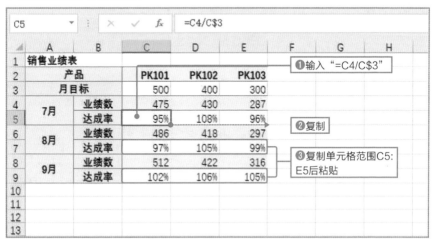

在单元格C5中输入公式"=C4/C$3"❶，在"开始"选项卡下设置百分比格式后，复制单元格C5直到单元格E5❷。使用"开始"选项卡下的"复制"和"粘贴"按钮将单元格范围C5:E5粘贴到单元格范围C7:E7❸。同样的方法将C5:E5粘贴到单元格范围C9:E9。

使用复合引用的组合技巧创建矩阵表

最后，介绍一个使用仅固定列的复合引用和仅固定行的复合引用的组合来创建矩阵表的例子。

这儿要根据定价和折扣率创建折扣价一览表。获取折扣价的公式是"定价×（1-折扣率）"。由于所有定价均在B列，因此必须固定列号B。另外，由于所有折扣率都在第3行，因此必须固定行号3。

● 定价的列号始终为B，折扣率的行号始终为3

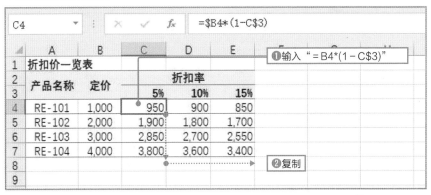

指定定价单元格为仅固定列的复合引用，折扣率单元格为仅固定行的复合引用，组建公式"=$B4*（1-C$3）"后复制该公式，所有单元格中的折扣价都会正确计算。

● 组合复合引用组建公式

在单元格C4中输入"=$B4*（1-C$3）"❶，复制到单元格C7，继续复制到单元格E7❷。

08 跨工作表或工作簿的单元格的引用方法

扫码看视频

引用另一个工作表上的单元格

有时我们会需要引用另一个工作表或工作簿中的数据，这里介绍跨工作表或工作簿的单元格的引用方法。

引用另一个工作表上的单元格，需要在输入公式时切换工作表，然后单击或者拖动该单元格。之后，另一个工作表的单元格引用会自动输入到公式中。下图中，"京都店"工作表上的单元格范围B3:D5被指定为SUM函数的参数。

● 对"京都店"工作表中B3:D5单元格范围求合计

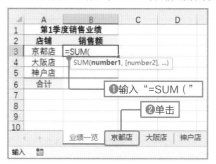

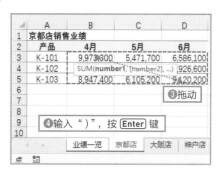

输入"=SUM（"❶，单击"京都店"工作表的标题❷。切换到"京都店"工作表，拖动单元格范围B3:D5❸。输入"）"，然后按 Enter 键❹，这样，即输入了包含另一个工作表中单元格引用的公式❺。

跨工作表的单元格引用是以"工作表名！单元格号"的格式指定的，单元格号的前面加上工作表名称和"！"（感叹号）。如果工作表名称以数字开头，或者工作表名称中包含空格，那么可将工作表名称括在"'（单引号）"中，例如"工作表名称'！单元格号"。

```
=SUM(京都店!B3:D5)
```
"京都店"工作表中单元格范围B3:D5

```
='4月'!B3+'5月'!B3
```
"4月"工作表中单元格B3　"5月"工作表中单元格B3

引用另一个工作簿中的单元格

在输入公式时切换工作簿并单击或拖动单元格，可以自动输入单元格引用"[工作簿名称.xlsx]工作表名称！单元格号"。单元格号是通过绝对引用输入的，因此，必要时可更改引用方法。引用另一个工作簿中单元格的功能被称为**"链接"**。

```
= [第1季度销售业绩.xlsx]业绩一览!$B$3
```
"第1季度销售业绩.xlsx"工作簿中"业绩一览"工作表中的单元格B3

打开包含跨工作簿的单元格引用的工作簿时，会出现一条安全警告消息。单击"启用内容"按钮，可以更新引用的单元格中的数据。

链接的优点是可以集中管理数据。当更改数据时，仅需要校正其中一个被链接单元格的位置，不会因为校正错误而导致不一致或遗漏。

但是，如果变更被链接工作簿的保存位置或更改工作簿名称，则需要更正链接信息，否则将无法进行正确引用。

此外，被链接的工作簿一旦被删除就无法再次引用。所以，一般我们建议使用独立的工作簿。如果必须使用链接功能，要确保把握好工作簿之间的内在关系，并对工作簿的位置进行管理。

09 命名常用单元格

扫码看视频

命名一个单元格范围

如果为特定的单元格或单元格范围指定一个简单易懂的名称，则可以在公式中使用该名称代替单元格编号。

设置一个名称，需要首先选中单元格或单元格范围，然后在"名称框"中输入名称。 下图中的单元格范围B3:B6被命名为"销售数量"。

● 命名一个单元格范围

销售数量	⋮ × ✓ fx	328

◢	A	B	C	D	E	F
1	四月份按产品分类的销售业绩			汇总		
2	商品	销售数量		合计		
3	RT-101	328		平均		
4	RT-102	267		数据数		
5	RT-103	95		❶选择		
6	RT-104	155				
7						
8						

❷在"名称框"中输入名称，然后按 **Enter** 键

选择要命名的单元格范围❶，在"名称框"中输入名称，然后按 **Enter** 键❷，选定的单元格范围即被命名。单元格范围B3:B6被命名为"销售数量"。

> 📝 **笔记**
>
> 需注意，不能设置如A1这样与单元格引用相同的名称。另外，在名称中可以使用数字，但是不能将其用作第一个字符。

在公式中使用名称

在公式中可以输入为单元格或单元格范围指定的名称来代替输入单元格编号。输入"=SUM（销售数量）"比输入"=SUM（B3:B6）"更易于理解。另外，从其他工作表中进行引用时，可以仅指定被命名的名称而不必输入工作表名称，这样会简化很多。

● 在公式中使用名称引用单元格范围

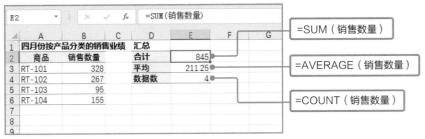

- =SUM（销售数量）
- =AVERAGE（销售数量）
- =COUNT（销售数量）

可以使用名称来代替公式中的单元格编号。除进行手动输入外，还可以在输入"=SUM（"后，单击"公式"选项卡中"用于公式"按钮，从下拉列表中选择名称输入进去。

变更名称的引用范围

在指定为函数参数的单元格范围的末尾添加新数据时，通常要修改引用了该单元格范围的所有公式。这样既花费时间，又容易造成修改遗漏。使用名称会更方便快捷，只需要修改名称的定义，而不需要修改公式，即可完成更新。使用"名称管理器"对话框修改引用范围时，所有使用了该名称的公式会立即重新计算。

● 修改名称的引用范围

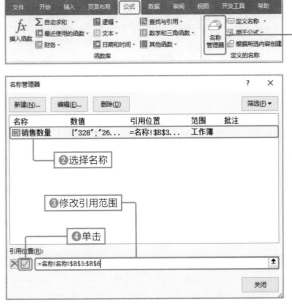

❶单击"公式"选项卡中的"名称管理器"按钮

❷选择名称

❸修改引用范围

❹单击

单击"公式"选项卡中"名称管理器"按钮❶，弹出"名称管理器"对话框，选择要编辑的名称❷。

删除"引用位置"栏中的单元格编号，并在光标放在栏中的状态下拖动选中目标单元格范围，引用范围将被修改❸。最后，单击"√"按钮❹。

另外，也可以在此页面上删除名称。

使用表名

在搜索函数中，可以将整个表指定为函数的参数。在这种情况下，将表转换为"表格"并指定表格名称作为函数的参数会很方便。**由于表格会根据数据的数量自动扩展和收缩，因此，即使数据有所增减，也无须修改公式中的参数，无须修改表格名称的引用范围。**

● 将表转换为表格

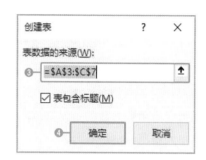

选择一个表❶，单击"插入"选项卡中"表格"按钮❷。在打开的窗口中，勾选"表包含标题"复选框❸，然后单击"确定"按钮❹。

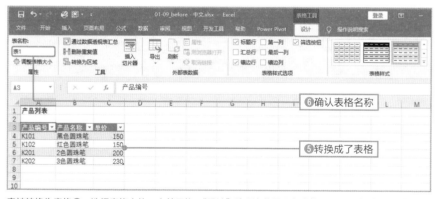

表被转换为表格❺。选择表格中的一个单元格，"设计"选项卡将显示在功能区。可以在"表名称"栏内确认表格名称或将其更改为易懂的名称❻。

● 可将表格名称指定为函数参数

| F4 | ▼ | : | × | ✓ | fx | =VLOOKUP(F3,表1,2,FALSE) |

	A	B	C	D	E	F
1	产品列表				产品检索	
2						
3	产品编号 ▼	产品名称 ▼	单价 ▼		产品编号	K201
4	K101	黑色圆珠笔	150		产品名称	2色圆珠笔
5	K102	红色圆珠笔	150			
6	K201	2色圆珠笔	200			
7	K202	3色圆珠笔	230			
8						
9						
10						
11						

我们可以将表格名称指定为函数的参数。在左图中，"表1"被指定为VLOOKUP（**p.176**）函数的第2个参数。"表1"的引用范围是除标题以外的单元格范围A4:C7。

● 添加新数据后，表格会自动扩展

| F4 | ▼ | : | × | ✓ | fx | =VLOOKUP(F3,表1,2,FALSE) |

	A	B	C	D	E	F
1	产品列表				产品检索	
2						
3	产品编号 ▼	产品名称 ▼	单价 ▼		产品编号	K203
4	K101	黑色圆珠笔	150		产品名称	4色圆珠笔
5	K102	红色圆珠笔	150			
6	K201	2色圆珠笔	200			
7	K202	3色圆珠笔	230			
8	K203	4色圆珠笔	250			
9						

在表格正下方的行中输入数据后，表格将会自动扩展，而无须修改公式。

添加数据后，表格会自动扩展，并设定与上面相同的条纹格式

参数"表1"的引用范围会自动扩展，无须更改公式

📄 专栏　　　**什么是表格？**

表格是Excel的数据库功能之一。将表转换为表格后，可以应用例如筛选和排序等的数据库操作。

另外，在表格中，可以通过"结构化引用"用列标题来创建公式。例如，在输入公式时单击"单价"单元格C4，则将输入"[@单价]"而不是C4。"[@单价]"表示"单价"列中当前行的单元格。

2					
3	产品编号 ▼	产品名称 ▼	单价 ▼	消费税 ▼
4	K101	黑色圆珠笔	150	=INT([@单价]*0.08)
5	K102	红色圆珠笔	150	
6	K201	2色圆珠笔	200	
7	K202	3色圆珠笔	230	
8	K203	4色圆珠笔	250	

10 组合技巧：在函数中嵌套函数

扫码看视频

什么是函数嵌套？

可以将一个函数指定为另一个函数的参数。组合函数可实现单个函数无法完成的复杂处理。这种将一个函数指定为另一个函数的参数来嵌套使用的方法称为"函数嵌套"。

在函数嵌套中，一个函数的返回值被用作另一个函数的参数。例如，要获取一个平均值的四舍五入后的整数值，可以将计算平均值的AVERAGE函数与四舍五入小数的ROUND函数组合使用。如果将AVERAGE函数指定为ROUND函数的第1个参数，并且将表示"整数化"的0指定为第2个参数，则可以对AVERAGE函数的返回值进行四舍五入。

● 将AVERAGE函数的返回值传递给ROUND函数

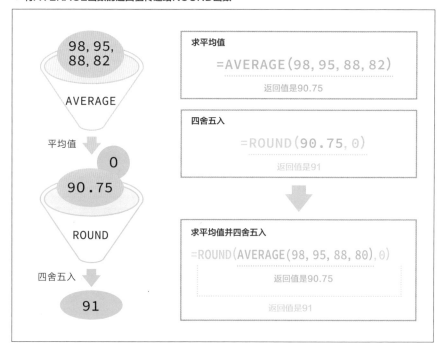

手动输入一个函数作为另一个函数的参数

嵌套函数时，必须在一个公式中输入多组将参数包括进来的括号。手动输入时，一定要确保左侧括号的数量与右侧括号的数量相匹配。我们可以边查看弹出的提示信息边输入嵌套函数。

● **手动输入AVERAGE函数作为ROUND函数的参数**

本例计算单元格范围B3:B6的平均值的四舍五入整数值。输入"= ROUND（AV"❶，出现以AV开头的函数列表，双击AVERAGE❷。拖动单元格范围B3:B6输入参数❸。然后输入"），0）"，并按 Enter 键，得到返回值❹。

❸输入AVERAGE函数的参数

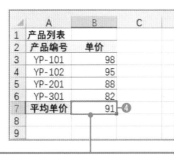

=ROUND（AVERAGE（B3:B6），0）

📖 **专栏**　　**函数的限制**

Excel的公式或函数的限制见右表。

功能	最大数
公式的长度	8192 字
函数的最大参数数量	255
函数的最大嵌套层级	64
有效数字位数	15 位

33

使用"函数参数"对话框指定函数

本节介绍使用"函数参数"对话框输入另一个函数作为函数的参数的方法。这里，我们将AVERAGE函数指定为ROUND函数的第1个参数，求单元格范围B3:B6数值的平均值的四舍五入整数。

● 使用"函数参数"对话框

单击"公式"选项卡左端的"插入函数"按钮❶，然后在"插入函数"对话框中选择ROUND函数。也可以从"公式"选项卡中"数学和三角函数"列表中选择ROUND。弹出ROUND函数的"函数参数"对话框❷。单击第1个参数框❸，然后单击名称框的▼按钮❹。

从显示的列表中选择AVERAGE❺。如果列表中未出现AVERAGE，那么单击最下面的"其他函数"选项，然后在出现的列表中进行选择。

出现AVERAGE函数的"函数参数"对话框❻。在参数框中指定"B3:B6"❼，单击公式栏中的ROUND❽。

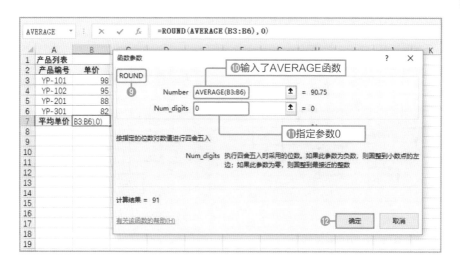

返回ROUND函数的"函数参数"对话框❾。确认是否将AVERAGE函数指定为参数❿，输入其余的参数⓫，单击"确定"按钮⓬，得到返回值⓭。

11 更高级的技巧：掌握数组公式

扫码看视频

什么是数组？

Excel中有个被称为"数组公式"的高级公式。**"数组"是一组多个垂直和水平排列的值。**Excel可以将输入到工作表中的数据作为数组进行处理。另外，也可以根据公式的类型，在内存中创建一个数组。

本节我们将使用简单的示例来说明数组公式的基本概念。尽管我们可以在不使用数组公式的情况下完成这里执行的计算，但是某些Excel函数只能使用数组公式输入，并且有些函数与数组公式结合使用时效率会翻倍。所以我们有必要了解一下简单的数组公式。

● **数组是数值的排列**

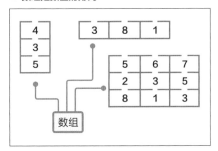
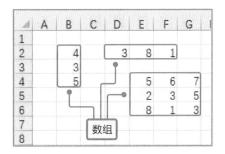

数组和值的四则运算

数组可作为一组值用于计算。可以求数组和单个数值的计算结果，也可以求数组和数组的计算结果。当对数组和单个值执行四则运算时，会在数组的各元素和值之间进行计算，并返回与原始数组大小相同的数组。

● 将数组和值相乘

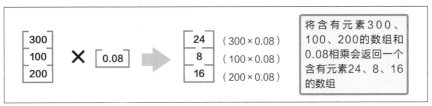

将含有元素300、100、200的数组和0.08相乘会返回一个含有元素24、8、16的数组

用Excel计算数组时，需预先选择与作为结果返回的元素数相同大小的单元格范围。**输入公式并按 (Ctrl) + (Shift) + (Enter) 确认后，输入的公式会被视为"数组公式"。数组公式会自动被括在"{}"（大括号）中。**

● 用Excel输入数组公式

此处，我们将单元格范围B3:B5的值和单元格C1的值相乘。由于计算结果是一个包含三个值的数组，因此要选择3个单元格❶。

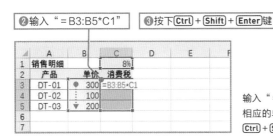

输入"＝B3:B5*C1"❷，可以通过单击或拖动相应的单元格来输入"B3:B5"、C1。最后按 (Ctrl) + (Shift) + (Enter) 键❸。

公式被括在了大括号"{}"中，并已被作为数组公式输入❹。所有选定的单元格中会输入相同的数组公式，作为计算结果的数组元素将会显示在对应单元格中❺。

数组与数组之间的四则运算

相同大小的数组之间进行四则运算时，会在不同数组中同一位置的元素之间执行计算，并返回相同大小的数组。

● **数组相乘**

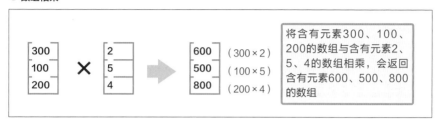

将含有元素300、100、200的数组与含有元素2、5、4的数组相乘，会返回含有元素600、500、800的数组

● **用Excel输入数组公式**

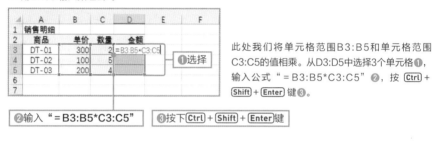

②输入"= B3:B5*C3:C5"　③按下 Ctrl + Shift + Enter 键

此处我们将单元格范围B3:B5和单元格范围C3:C5的值相乘。从D3:D5中选择3个单元格❶，输入公式"= B3:B5*C3:C5"❷，按 Ctrl + Shift + Enter 键❸。

④数组公式已输入

公式被括在"{}"（大括号）中，并作为数组公式输入❹。相同的数组公式已被输入到所有选定的单元格中，作为计算结果的数组会显示在对应位置❺。

☑ 专栏　　**数组公式的修改和删除**

在任何一个单元格中修改数组公式并按 Ctrl + Shift + Enter 键后，所有输入了相同的数组公式的单元格中的公式都会被修改。删除数组公式时，需要选择全部输入了该数组公式的单元格，然后按 Delete 键。

数组和函数的组合使用

某些函数可以与数组组合使用。例如，将一个数组指定为SUM函数的参数，则可以获取该数组中元素的总和。下面的示例将单元格范围B3:B5与单元格范围C3:C5相乘的结果传递给SUM函数，作为结果会返回一个合计值，选择一个单元格并输入数组公式。

● SUM函数和数组的组合

输入公式"＝SUM（B3:B5*C3:C5）"❶，按Ctrl + Shift + Enter 键❷。

❶输入"＝SUM（B3:B5*C3:C5）"　❷按 Ctrl + Shift + Enter 键

数组公式已输入❸。由于参数中指定的数组元素为600（300×2）、500（100×5）、800（200×4），因此返回的总计结果为1900❹。

> 📋 专栏　　**确定公式运行过程中创建的数组**
>
> 拖动选定公式栏中SUM函数的参数❶，按下部分执行公式的快捷键F9键❷，可以确认数组元素的值❸。确认后按下Esc键取消部分执行。
>
>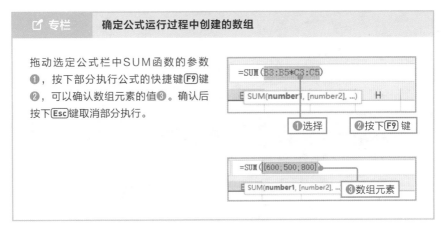
>
> ❶选择　　❷按下F9键
>
> ❸数组元素

运算符指的是公式中使用的符号。运算符包括用于数值计算的"算术运算符"，用于连接字符串的"字符串连接运算符"，用于比较值的"比较运算符"和用于引用单元格的"引用运算符"。

● 算术运算符

运算符	意义	使用示例	结果（假定单元格A1的值为100）
+	加法	A1+2	102
−	减法	A1−2	98
*	乘法	A1*2	200
/	除法	A1/2	50
^	乘方	A1^2	10000
%	百分比	A1*2%	2

● 字符串连接运算符

运算符	意义	使用示例	结果（假定单元格A1的值为100）
&	连接字符串	A1&"万元"	100 万元

● 比较运算符（详细请参照p.150）

运算符	意义	使用示例	结果（假定单元格A1的值为100）
=	等于	A1 = 2	FALSE
<>	不等于	A1<>2	TRUE
>	大于	A1>2	TRUE
>=	大于等于	A1>=2	TRUE
<	小于	A1<2	FALSE
<=	小于等于	A1<=2	FALSE

● 引用运算符

运算符	意义	使用示例	结果
:（比号）	单元格范围	A1:A4	单元格 A1 ~ A4
,（逗号）	多个单元格	A1:A4,C1	单元格 A1 ~ A4 和 单元格 C1
（半角空格）	单元格的共同部分	A1:A4 A3:C5	单元格 A3 ~ A4

第2章

按指定条件
汇总数据

Extracting Date on Your Criteria

01 掌握汇总的基础：简单汇总数据

扫码看视频

求和、平均值、最大值、最小值及数据的数量

本章我们介绍按指定条件进行汇总的技巧。作为基础知识，我们先来认识无条件统一汇总的方法。

求和使用SUM函数，求平均值使用AVERAGE函数，求最大值使用MAX函数，求最小值使用MIN函数，求数值数据的数量可使用COUNT函数。这些函数都可以通过我们在第8页中介绍的"自动求和"按钮进行输入。下图中将客户名单里"购买金额"列中的单元格范围C3:C8指定为参数来进行汇总。

● 汇总数值数据

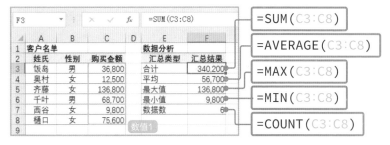

自动汇总新添加的数据

上述函数的特征在于，如果指定为参数的单元格范围内含有字符数据，则字符数据会被忽略，仅对数值数据进行汇总。在经常更新数据的表中指定整个列，如C:C，并将其汇总，则可汇总除标题单元格之外该列中所有数值数据。之后添加数据时，无须再指定参数，即可立即更新汇总结果。

需注意，日期数据不会被忽略，并且会被视为序列值（p.214）汇总，因此请勿在要汇总的列中输入日期。另外，在数据数量固定的表中，因为我们不能保证以后不在空单元格中输入内容，因此要准确指定单元格范围作为函数参数。

● 如果将整个列指定为参数，则新添加的数据也会被自动汇总

❶ =SUM(C:C)

❷ =COUNT(C:C)

指定C:C作为SUM函数和COUNT函数的参数，计算整个C列的合计和数据数量❶❷。单元格C2中的"销售额"字符数据会被忽略。

将新的数值数据添加到C列后❸，汇总结果会立即更新❹。

格 式　用于汇总数据的函数

=SUM(数值1, [数值2], …)　　　　　　　　　　　　　数学

求"数值"的总和。"数值"可以指定为数值、单元格或单元格范围。

=AVERAGE(数值1, [数值2], …)　　　　　　　　　　统计

求"数值"的平均值。"数值"可以指定为数值、单元格或单元格范围。

=MAX(数值1, [数值2], …)　　　　　　　　　　　　统计

求"数值"的最大值。"数值"可以指定为数值、单元格或单元格范围。

=MIN(数值1, [数值2], …)　　　　　　　　　　　　统计

求"数值"的最小值。"数值"可以指定为数值、单元格或单元格范围。

=COUNT(数值1, [数值2], …)　　　　　　　　　　　统计

求"数值"的数量。"数值"可以指定为数值、单元格或单元格范围。

第 2 章　按指定条件汇总数据

43

02 按指定条件汇总的基础：完全匹配和部分匹配

扫码看视频

按产品类别汇总～完全匹配条件进行汇总～

　　分析销售数据时，可以按产品的类别汇总以找出畅销产品，也可以按照分店汇总以便调查销售业绩。使用SUMIF函数，可以轻松实现这些汇总。

　　SUMIF函数是一个计算满足条件的数据总和的函数。使用的关键在于掌握"条件的指定方法"。掌握灵活指定条件的一些技巧，例如，"完全匹配条件""部分匹配条件"和"指定范围条件"等，关系到能否顺利进行汇总。

　　首先，我们来看一下完全匹配条件进行汇总的方法。汇总下图销售业绩表中产品名称和"整体厨房"完全匹配的数据的金额。

● **完全匹配条件进行汇总**

▲	A	B	C	D	E	F	G	H
1	四月份销售业绩					按产品汇总		
2	订单号	订单地	产品名称	金额		产品名称	金额	
3	10001	东京都荒川区	整体厨房	980,000		整体厨房	3,039,000	
4	10002	千叶县柏市	一体化浴室	785,000		一体化浴室		
5	10003	东京都墨田区	浴室柜	326,000		浴室柜		
6	10004	埼玉县川口市	整体厨房	1,235,000				
7	10005	千叶县松户市	浴室柜	416,000				
8	10006	东京都北区	浴室柜	250,000		使用SUMIF函数汇总"整体厨房"的销售金额		
9	10007	东京都国立市	一体化浴室	864,000				
10	10008	千叶县松户市	整体厨房	824,000				
11								

格 式　合计符合条件的数据（SUMIF）

=SUMIF(条件范围, 条件, [合计范围])　　　数学

从"条件范围"中检索与"条件"相匹配的数据，并且将与检索到的数据相对应的"合计范围"内的数值相加。如果省略"合计范围"，则"条件范围"内符合"条件"的数值将作为合计对象。

SUMIF函数有3个参数，即"条件范围""条件"和"合计范围"。将条件判断目标的"产品名称"栏中的单元格范围C3:C10指定为函数的第1个参数"条件范围"，并将输入了条件的单元格F3指定为函数的第2个参数。将合计对象的"金额"列中单元格范围D3:D10指定为函数的第3个参数"合计范围"。

● 使用SUMIF函数汇总"整体厨房"

若要通过复制公式汇总其他产品，可将函数的第1个参数"条件范围"和第3个参数"合计范围"指定为绝对引用（p.19）。对其进行固定，以免在复制公式时单元格编号产生错位。将作为函数第2个参数的"条件"保持相对引用，复制的公式的条件将依次变为F3、F4、F5，这样即可立即获取各个产品的汇总结果。

● 复制公式前，要将"条件范围"和"合计范围"设为绝对引用

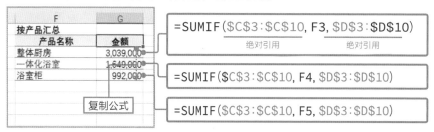

部分匹配条件进行汇总～通配符～

SUMIF函数还可以指定部分匹配的条件。所谓的"部分匹配"是指数据中包含的字符部分匹配条件，例如"东京都……""……分店""第……营业部"。要指定这样的条件，需将"……"的部分换成为半角的"*"（星号）来指定。**例如，指定"东京都*"，则条件就变为"东京都……"，即以"东京都"开头的字符。**

下图汇总订单地以"东京都"开头的金额。将"东京都*"括在""""（双引号）中来指定条件。符合此条件有4个地方，分别为"东京都荒川区""东京都墨田区""东京都北区"和"东京都国立市"。

● 汇总以"东京都"开头的数据

G3		fx	=SUMIF(B3:B10,"东京都*",D3:D10)					
▲	A	B	C	D	E	F	G	H
1	四月份销售业绩					都道府县汇总		
2	订单号	订单地	产品名称	金额		订单地	金额	
3	10001	★东京都荒川区	整体厨房	980,000		东京都	2,420,000	
4	10002	千叶县柏市	一体化浴室	785,000		千叶县		
5	10003	★东京都墨田区	浴室柜	326,000		埼玉县		
6	10004	埼玉县川口市	整体厨房	1,235,000				
7	10005	千叶县松户市	浴室柜	416,000				
8	10006	★东京都北区	浴室柜	250,000				
9	10007	★东京都国立市	一体化浴室	864,000				
10	10008	千叶县松户市	整体厨房	824,000				
11								
12		条件范围		合计范围				

=SUMIF(B3:B10,"东京都*",D3:D10)
条件范围　　条件　　合计范围

如果我们将"东京都*"指定为函数的第2个参数的话，复制公式时要将"东京都"替换为"千叶县"和"埼玉县"，这样会比较麻烦。这时，可以将"F3&"*""指定为第2个参数。由于单元格F3的值为"东京都"，因此，"F3&"*""就变成了了条件"东京都*"。第1个参数的"条件范围"和第3个参数的"合计范围"用绝对引用进行固定。

46

● 如果将单元格指定为条件，则复制公式即可进行相应汇总

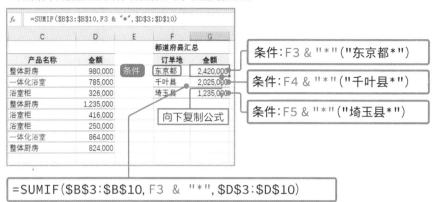

条件：F3 & "*"（"东京都*"）

条件：F4 & "*"（"千叶县*"）

条件：F5 & "*"（"埼玉县*"）

=SUMIF($B$3:$B$10, F3 & "*", $D$3:$D$10)

　　"*"可替代任意字符串，称为"通配符"。**通配符除可代替任意字符串的"*"外，还有一种表示替换任意1个字符的"?"（问号）。**按照通配符的使用方式，通配符可表达如下表所示的多种条件。

● 通配符的使用示例

使用示例	含义	适用数据示例
东京都*	以"东京都"开头	东京都荒川区、东京都墨田区、东京都北区、东京都国立市
东京都？？区	"东京都"+2个字符+"区"	东京都荒川区、东京都墨田区
县	含有"县"字	千叶县柏市、埼玉县川口市、千叶县松户市
*市	以"市"结尾	千叶县柏市、埼玉县川口市、千叶县松户市、东京都国立市
？？？？市	4个字符+"市"	千叶县柏市

> **☑ 专栏　　如何搜索通配符？**
>
> 要检索作为普通字符的"*"或"?"时，要在字符前输入半角波浪号"~"，例如，输入"~*"或"~?"。在半角英文字母的模式下，按住 Shift 键的同时按键盘右上方的"~"键，即可输入"~"。

汇总订单号为10005及其以上的数据～比较运算符～

使用比较运算符可实现以数值或日期的范围为条件的汇总。例如，">=100"代表"100及以上"，而">=2019/4/20"代表"2019/4/20及以后"。我们可以将比较运算符与数据连接起来，并将其括在" "（双引号）中来作为SUMIF函数的条件参数。输入">="时，需要连续输入半角字符">"和"="。

下图中，由于条件是">=10005"，所以可以对订单号为10005及其以上的订单，共4个项目数据进行汇总。

● 汇总订单号为10005及以上的数据

● 比较运算符的类型

比较运算符	说明	使用示例	含义
>	大于	>100	大于 100
>=	大于等于	>=100	100 以上（含 100）
<	小于	<100	小于 100
<=	小于等于	<=100	100 以下（含 100）
=	等于	=100	等于 100
<>	不等于	<>100	不等于 100

也可以将在单元格中输入的数值作为标准，例如，在单元格F3中输入10005，将比较运算符"＞="和单元格F3连接，指定为""＞="＆F3"，则可变为条件"＞=10005"。

● 汇总大于等于单元格中输入数值的数据

H3				f_x	=SUMIF(A3:A10,"＞=" & F3,D3:D10)				
	A	B	C	D	E	F	G	H	I
1	四月份销售业绩					汇总			
2	订单号	订单地	产品名称	金额		订单号		金额	
3	10001	东京都荒川区	整体厨房	980,000	条件	10005	以上	2,354,000	
4	10002	千叶县柏市	一体化浴室	785,000					
5	10003	东京都墨田区	浴室柜	326,000					
6	10004	埼玉县川口市	整体厨房	1,235,000					
7	10005	千叶县松户市	浴室柜	416,000					
8	10006	东京都北区	浴室柜	250,000					
9	10007	东京都国立市	一体化浴室	864,000					
10	10008	千叶县松户市	整体厨房	824,000					
11									

=SUMIF(A3:A10,"＞=" & F3,D3:D10)

📝 专栏　　　**完全匹配的条件和比较运算符"="**

直接指定完全匹配的条件作为SUMIF函数的第2个参数时，需用双引号将字符串和日期括起来进行指定，例如，"整体厨房"或"2019/4/4"。
另外，"=整体厨房""=2019/4/4"条件中输入了比较运算符"="，条件的含义是相同的。使用比较运算符时，数值条件也要用""括起来。

📝 专栏　　　**以单元格"空白"或"非空白"为条件进行汇总**

以单元格"空白"为条件进行汇总时，要将表示"空白"含义的""""（连续输入两个双引号）指定为SUMIF函数的第2个参数"条件"。
相反，如果要以单元格"非空白"的条件进行汇的话，则需指定表示"非空白"的"＜＞"作为条件。

03 "…IF"类别函数

扫码看视频

记住SUMIF函数及其同类函数

我们在第44页介绍了SUMIF函数的使用方法，实际上，Excel中还有以下一些和SUMIF函数同类的函数。

- SUMIF函数 ⋯⋯⋯⋯⋯⋯⋯有条件地求和。
- COUNTIF函数 ⋯⋯⋯⋯⋯⋯ 有条件地求数据的数量。
- AVERAGEIF函数 ⋯⋯⋯⋯ 有条件地求平均值。
- SUMIFS函数⋯⋯⋯⋯⋯⋯⋯有条件地求和（可以指定多个条件）。
- COUNTIFS函数 ⋯⋯⋯⋯⋯ 有条件地求数据的数量（可以指定多个条件）。
- AVERAGEIFS函数 ⋯⋯⋯⋯ 有条件地求平均值（可以指定多个条件）。
- MAXIFS函数⋯⋯⋯⋯⋯⋯⋯有条件地求最大值（可以指定多个条件）。
- MINIFS函数 ⋯⋯⋯⋯⋯⋯⋯有条件地求最小值（可以指定多个条件）。

尽管参数的顺序或可以指定的条件的数量有所不同，但是，这些函数的条件的指定方法是共通的。换句话说，任何一种函数都可以使用我们在第44页至第49页中所介绍的条件的指定方法来指定条件。我们可以将SUMIF函数及其同类函数合并记忆，并一举攻克用于汇总的这些函数。

留意作为统计对象的参数的位置

合并记忆同类函数的最便捷的方法是找出它们的相同点和不同点。在上述函数中，**函数名称的末尾是单数的，函数的条件只能指定1组，而名称末尾带复数字母S的函数可以指定多组条件。**

需要注意的是，如下页所示，单数和复数函数中作为汇总对象的单元格范围参数的位置是不同的。此外，COUNTIF和COUNTIFS函数只有两个参数，即"条件范围"和"条件"。

● 单数函数……作为汇总对象的单元格范围为第3个参数
=SUMIF(条件范围, 条件, [合计范围])
=AVERAGEIF(条件范围, 条件, [平均范围])

● 复数函数……作为汇总对象的单元格范围为第1个参数
=SUMIFS(合计范围, 条件范围1, 条件1, [条件范围2, 条件2], …)
=AVERAGEIFS(平均范围, 条件范围1, 条件1, [条件范围2, 条件2], …)
=MAXIFS(最大范围, 条件范围1, 条件1, [条件范围2, 条件2], …)
=MINIFS(最小范围, 条件范围1, 条件1, [条件范围2, 条件2], …)

● 计数类函数……仅指定条件范围和条件
=COUNTIF(条件范围, 条件)
=COUNTIFS(条件范围1, 条件1, [条件范围2, 条件2], …)

　　下图是各个函数的使用示例。尽管作为汇总对象的单元格范围（红色字体的参数）的位置不同，但条件范围和条件的指定方法是相同的。也就是说，我们掌握了SUMIF函数的使用方法，其他函数也可以轻松使用。

● 各类汇总示例

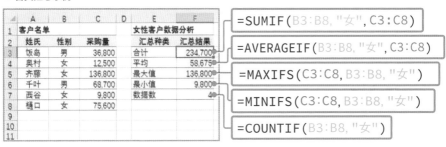

　　上图中，我们使用了SUMIF函数求合计，使用了AVERAGEIF函数求平均值，但是，我们也可以分别使用复数形式的SUMIFS函数和AVERAGEIFS函数来获取结果。这时，我们要将作为汇总对象的单元格范围指定为函数的第1个参数，也就是分别输入公式"=SUMIFS（C3:C8,B3:B8,"女"）"和公式"=AVERAGEIFS（C3:C8,B3:B8,"女"）。
　　我们会在之后的章节中详细介绍各函数的更多使用技巧。

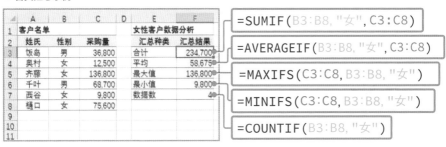 女性客户数据分析 — =SUMIF(B3:B8, "女", C3:C8), =AVERAGEIF(B3:B8, "女", C3:C8), =MAXIFS(C3:C8, B3:B8, "女"), =MINIFS(C3:C8, B3:B8, "女"), =COUNTIF(B3:B8, "女")

04 指定多个汇总条件①：以"东京都"和"产品A"为条件汇总

扫码看视频

以"东京都"开头的"浴室柜"为条件进行汇总

　　使用SUMIFS函数、COUNTIFS函数和AVERAGEIFS函数之类的"…IFS函数"，最多可以指定127组"条件范围"和"条件"，汇总满足所有指定条件的数据。我们可以指定较长的条件，例如："2019年4月1日及以后，以东京都开头的产品A，并且……"对于指定的每项条件，都可以使用第46页介绍的通配符或第48页介绍的比较运算符。

　　在下面的销售业绩表中，我们要求出总金额和数据数量，条件是订单地以"东京都"开头并且产品名称为"浴室柜"。满足这两个条件的数据为汇总对象，仅满足其中一个条件的数据不会被汇总。

● 以"东京都"开头的"浴室柜"为条件进行汇总

| G4 | | ▼ | ⋮ | × | ✓ | fx | =SUMIFS(D3:D10,B3:B10,G2 & "*",C3:C10,G3) |

	A	B	C	D	E	F	G	H
1	4月份销售业绩					汇总结果		
2	订单号	订单地	产品名称	金额		订单地	东京都	
3	2019/4/1	东京都荒川区	整体厨房	900,000		产品名称	浴室柜	
4	2019/4/5	千叶县柏市	一体化浴室	785,000		总金额	576,000	
5	2019/4/8	东京都墨田区	浴室柜	326,000		订单数	2	
6	2019/4/10	埼玉县川口市	整体厨房	1,235,000				
7	2019/4/15	千叶县松户市	浴室柜	416,000				
8	2019/4/20	东京都北区	浴室柜	250,000				
9	2019/4/25	东京都国立市	一体化浴室	864,000				
10	2019/4/28	千叶县松户市	整体厨房	824,000				
11								
12								
13								

这两项是汇总对象　　　　　　　　只满足两个条件之一的数据不是汇总对象

　　这里我们使用输入了"东京都"的单元格G2和输入了"浴室柜"的单元格G3作为函数的条件。

　　在SUMIFS函数的第1个参数"合计范围"中指定"金额"栏的单元格范围。作为第1组条件，我们指定"订单地"列的单元格范围，并采用

"G2&"*""（以"东京都"开头），指定"产品名称"列的单元格范围和单元格G3（"浴室柜"）作为第2组的条件。COUNTIFS函数的参数，可以直接指定SUMIFS函数的第2个及后续参数作为其参数。

● 使用SUMIFS和COUNTIFS函数汇总

格 式 汇总符合多个条件的数据（SUMIFS、COUNTIFS）

=SUMIFS(合计范围, 条件范围1, 条件1, [条件范围2, 条件2], …) 数学

从"条件范围"中检索符合"条件"的数据，并对与检索到的数据相对应的"合计范围"的数值进行求和。最多可以指定127对"条件范围"和"条件"。

=COUNTIFS(条件范围1, 条件1, [条件范围2, 条件2], …) 统计

从"条件范围"中检索符合"条件"的数据，并获取检索到的数据的数量。最多可以指定127组"条件范围"和"条件"。

05 指定多个汇总条件②：以"…日到…日"为条件汇总

扫码看视频

以"…日到…日"为条件进行汇总

我们有时需要从每日销售表中提取特定时间段的数据进行汇总。以一段时间的开始日期和结束日期为条件进行汇总时，我们要使用可以指定多个条件的复数形函数。

这里我们使用SUMIFS函数汇总从单元格G2的日期到单元格G3的日期的数据。将"金额"栏的单元格范围指定为SUMIFS函数的第1个参数"合计范围"。作为第1组条件，指定"订单日期"栏的单元格范围和表示"单元格G2的日期及以后日期"的"">="&G2"。

另外，我们指定"订单日期"栏的单元格范围和表示"单元格G3的日期及之前日期"的""<="&G3"作为第2组条件。这样我们就可以汇总从2019/4/10到2019/4/25期间的数据了。

● 汇总从单元格G2中的日期到单元格G3中的日期的金额

格 式　　**合计满足多个条件的数据（SUMIFS）**

=SUMIFS(合计范围, 条件范围1, 条件1, [条件范围2, 条件2], …) 　数学

从"条件范围"中检索符合"条件"的数据，并对与检索到的数据相对应的"合计范围"的数值求和。最多可以指定127组"条件范围"和"条件"。

● 指定日期条件的示例

直接指定日期	引用在单元格G2中输入的日期（2019/4/10）	含义
">=2019/4/10"	">=" & G2	2019/4/10 之后（包含 2019/4/10）
">2019/4/10"	">" & G2	2019/4/10 之后
"<=2019/4/10"	"<=" & G2	2019/4/10 之前（包含 2019/4/10）
"<2019/4/10"	"<" & G2	2019/4/10 之前

专栏　　**不要忘记在日期条件中指定年份**

如果在SUMIFS函数中省略了日期年份，则系统会自动补足当前的年份数值，并执行条件判断。例如，如果现在的年份为2019年，当我们指定">=4月1日"作为条件时，则该条件将被判断为">=2019/4/1"。即便在输入公式时得出的汇总结果是正确的，在下一年打开此文件时，汇总也会以">=2019/4/1"条件执行。所以，在公式中直接指定日期条件时，最好以"年/月/日"格式来指定。

单元格中显示的日期是"4月1日"，但实际上包含"年份"。当选择日期单元格时，需要通过参考公式栏中显示的"年/月/日"来指定SUMIFS函数的条件。

○ =SUMIFS(B3:B8, A3:A8, ">=2019/4/1", A3:A8, "<=2019/4/15")

✕ =SUMIFS(B3:B8, A3:A8, ">=4月1日", A3:A8, "<=4月15日")

06 指定多个汇总条件③：按"产品"和"分店"交叉汇总

扫码看视频

基于行标题和列标题的交叉制表

我们可以使用可在多个条件下汇总的SUMIFS函数，轻松创建交叉列表。但是，引用作为"条件范围"参数的单元格时需要一些技巧。这里我们创建一个交叉表。

请看下图的销售业绩表。产品名称和分店名称分别输入在了"产品"和"分店"栏里。利用这种表来查找产品和分店的销售金额时，如果将产品名称和分店名称以交叉表的形式汇总在行标题和列标题内，那么汇总结果将更清晰明了。

● 按产品和分店交叉汇总

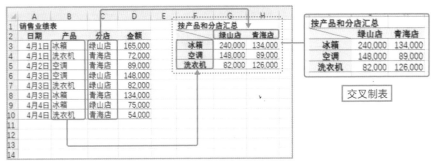

格式　汇总满足多个条件的数据（SUMIFS）

=SUMIFS(合计范围, 条件范围1, 条件1, [条件范围2, 条件2], …)　数学

从"条件范围"中检索符合"条件"的数据，然后将与检索到的数据相对应的"合计范围"的数值相加。最多可以指定127组"条件范围"和"条件"。

首先，我们在以产品名称为"冰箱"且分店名称为"绿山店"为条件计算总金额。

● 汇总"绿山店"的"冰箱"销售额。

将"金额"栏的单元格范围指定为SUMIFS函数的第1个参数。指定"产品"栏的单元格范围并在单元格F3中输入"冰箱"作为第1组条件。指定"分店"栏的单元格范围并在单元格G2中输入"绿山店"作为第2组条件。

复制上图中的公式，并将参数"合计范围""条件范围1"和"条件范围2"固定为绝对引用。由于所有产品的条件都在F列中输入，因此我们可以将参数"条件1"设为仅固定列的复合引用（p.22）。另外，由于分店的条件输入在第2行，因此我们可以将参数"条件2"设为仅固定行的复合引用。

● 正确使用绝对引用/复合引用来复制公式

将参数"合计范围""条件范围1""条件范围2"设置为绝对引用。将参数"条件1"和"条件2"指定为复合引用。复制此公式，即可在各单元格中显示出汇总结果。

=SUMIFS($D$3:$D$10, $B$3:$B$10, $F3, $C$3:$C$10, G$2)
　　　　　　　　　　　　　　固定列的复合引用　　　固定行的复合引用

07 函数组合汇总的基础：操作列和数组公式

扫码看视频

组合函数汇总

我们在使用SUMIF函数之类的汇总函数时，有时需要其他函数来进行条件判断。

例如，在下图的访客人数调查表中，需要汇总的是每个月份的访客人数。访客人数调查表中仅输入了日期，并没有单独列出"月份"的信息。这种情况下，我们需要使用MONTH函数从日期中提取"月"数据并以"月"作为条件进行汇总。这里我们介绍两类方法，即使用"操作列"进行汇总和使用"数组公式"进行汇总。

● 按月份汇总访客人数

	A	B	C	D	E	F	G	H	I
1	访客人数调查				汇总				
2	调查日期	访客人数			月份	访客人数			
3	2019/4/10	857			4				
4	2019/4/20	921			5				
5	2019/4/30	1,116			6				
6	2019/5/10	837							
7	2019/5/20	895							
8	2019/5/30	966							
9	2019/6/10	1,016							
10	2019/6/20	978							
11	2019/6/30	1,002							
12									
13									
14									

按月份统计访客人数

汇总技巧①：获取操作列中的"月"数据后汇总

此处，我们将C列作为操作列使用。如果没有空列作为操作列，我们可以通过插入列来准备操作列。在操作列中输入MONTH函数从A列中的日期中提取"月"，并使用SUMIF函数将"月"作为"条件范围"来汇总。

● 使用操作列进行汇总

❶ =MONTH(A3)
序列值

在操作列的首个单元格C3中输入"=MONTH（A3）"❶，从单元格A3中提取"月"数值。将其复制到表格的最后一行❷。

❸ =SUMIF($C$3:$C$11, E3, $B$3:$B$11)
条件范围　　条件　　合计范围

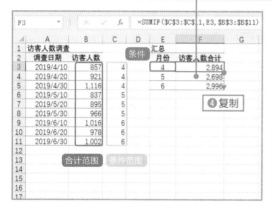

在汇总栏的第一个单元格F3中输入SUMIF函数❸。将第1个参数的"合计范围"和第3个参数的"条件范围"指定为绝对引用（**p.19**）。复制此公式，进行每月的数据汇总❹。

格 式　　从日期中提取月（MONTH），对符合条件的数据进行汇总（SUMIF）

=MONTH(序列值)　　　　　　　　　　　　　　　　　　　　　[日期]

....

获取与"序列值"相对应的"月"数值。通常"序列值"要指定为日期形式。

=SUMIF(条件范围, 条件, [合计范围])　　　　　　　　　　　[数学]

....

从"条件范围"中检索符合"条件"的数据，然后将与检索到的数据相对应的"合计范围"的数值相加。如果省略"合计范围"，则"条件范围"内符合"条件"的数值将作为合计对象。

第2章　按指定条件汇总数据

59

计算完成后，如果不对操作列进行处理，工作表看起来会不太美观。在打印工作表的时候，我们可以隐藏操作列。

右键单击C列的列号❶，然后选择"隐藏"命令❷，C列被隐藏❸。如果要重新显示操作列，则可以拖动选择B～D列的列号，右键单击并选择"取消隐藏"。

● 隐藏列时的注意事项

隐藏列的缺点是"很难注意到隐藏列的存在""取消隐藏比较费事"。可以将操作列合并到表中。这样在部门内共享数据汇总时，可以了解正在操作的内容，从而提高工作效率。

	A	B	C	D	E	F
1	访客人数调查				汇总	
2	调查日期	月	访客人数		月份	访客人数合计
3	2019/4/10	4	857		4	2,894
4	2019/4/20	4	921		5	2,698
5	2019/4/30	4	1,116		6	2,996
6	2019/5/10	5	837			
7	2019/5/20	5	895			
8	2019/5/30	5	966			
9	2019/6/10	6	1,016			
10	2019/6/20	6	978			
11	2019/6/30	6	1,002			
12						
13						
14						
15						

将操作列合并到表中，其他人使用或在下一年重新计算时更便利

汇总技巧②：使用数组公式汇总

使用数组公式（p.36）可以更快捷地汇总数据。在使用操作列的方法时，我们需将单个单元格指定为MONTH函数的参数，例如"=MONTH（日期单元格）"，如果使用数组公式的方法，可以将全部日期单元格指定为参数，例如"MONTH（日期单元格范围）"。某些函数不能用于数组公式，不过MONTH函数、YEAR函数和TEXT函数都可以用于数组公式。如果按月进行汇总的话，可以创建如下数组公式。

=SUM(IF(MONTH(日期的单元格范围)=月份名,合计范围))

在实际输入数组公式时，需在输入公式后按Ctrl + Shift + Enter，确认其为数组公式。注意，如果仅按Enter键的话，不会得到正确的汇总结果。

● 使用数组公式汇总

| AVERAGE | ▼ | ⋮ | × | ✓ | fx | =SUM(IF(MONTH($A$3:$A$11)=E3,$B$3:$B$11)) |

◢	A	B	C	D	E	F	G	H	I	J
1	访客人数调查				汇总					
2	调查日期	访客人数		月份名	月份	访客人数				
3	2019/4/10	857			4	=SUM(IF(MONTH($A$3:$A$11)=E3,$B$3:$B$11))				
4	2019/4/20	921			5					
5	2019/4/30	1,116			6	❷按Ctrl + Shift + Enter 键确定				
6	2019/5/10	837								
7	2019/5/20	895								
8	2019/5/30	966								
9	2019/6/10	1,016								
10	2019/6/20	978								
11	2019/6/30	1,002								
12	日期的单元格范围	合计范围								
14										
15										

❶ =SUM(IF(MONTH($A$3:$A$11)=E3,$B$3:$B$11))
　　　　　　　日期的单元格范围　月份名　　合计范围

在合计栏的首个单元格F3中输入"=SUM（IF（MONTH（$A$3:$A$11）=E3,$B$3:$B$11）)"❶，然后按Ctrl + Shift + Enter键❷。

公式被括在"{}"中，成为数组公式❸，获得4月份的访客人数合计。复制此公式后，可以获取5月和6月份的访客人数合计❹。

求和（SUM），条件判断（IF），获取月份（MONTH）

=SUM（数值1，[数值2]，…） 数学

获取"数值"的合计。可以指定数值、单元格和单元格范围为"数值"。最多可以指定255个"数值"。

=IF（逻辑表达式，[如果为真]，[如果为假]） 逻辑

当"逻辑表达式"为TRUE（真）时，返回"如果为真"的值，如果为FALSE（假），则返回"如果为假"的值。

=MONTH（序列值） 日期

获取与"序列值"相对应的"月"数值。通常将"序列值"指定为日期格式。

另外，如果我们将公式中SUM更改为其他汇总函数，例如AVERAGE和MAX，可以获取每月的平均值和最大值等数据。

以上介绍了使用"操作列"和使用"数组公式"的方法，如果想要快速地进行计算，最好使用数组公式。但是，数组公式本身难度较大，熟练掌握的人并不多。对于需要共享和再利用的表，我们要尽量使用每个人都可以理解的公式来进行数据汇总，这样会提高工作效率。所以具体使用哪种方法还要视情况而定。

📓 专栏　　**数组公式的含义**

本例输入的数组公式相当于如下操作：在操作列中输入公式"=IF（MONTH(A3)=
$E$3,B3）"，然后复制该公式，使用SUM函数计算单元格范围总和。

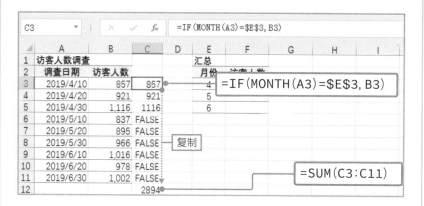

在公式栏中拖动光标选中SUM函数的参数部分，然后按 F9 键（部分执行公式的快捷
键），公式栏会显示"{857;921;1116;FALSE;FALSE;FALSE;FALSE;FALSE;
FALSE;}"，这与操作列中显示的数组相同。确认之后，可以按 Esc 键还原成原来的
公式。

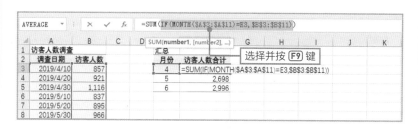

08 以月、年、季度、周、星期为单位汇总数据

扫码看视频

以月为单位汇总访客人数

以月为单位汇总数据可使用MONTH函数，以年为单位汇总数据可使用YEAR函数，我们可以根据单位的不同，使用相应的函数在操作列中获取月和年的数值。在所有情况下，使用SUMIF函数进行汇总的方法是通用的。

● **提取"月"数值到操作列后按月汇总**

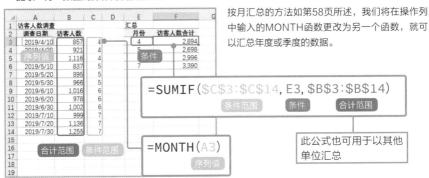

按月汇总的方法如第58页所述，我们将在操作列中输入的MONTH函数更改为另一个函数，就可以汇总年度或季度的数据。

=SUMIF($C$3:$C$14, E3, $B$3:$B$14)
条件范围　条件　合计范围

=MONTH(A3)
序列值

此公式也可用于以其他单位汇总

格式　从日期中提取月（MONTH），对符合条件的数据求和（SUMIF）

=MONTH（序列值）　　　　　　　　　　　　　　　日期

提取与"序列值"相对应的"月"。通常将"序列值"指定为日期格式。

=SUMIF（条件范围, 条件, [合计范围]）　　　　　数学

从"条件范围"中检索符合"条件"的数据，然后将与检索到的数据相对应的"合计范围"的数值相加。如果省略"合计范围"，则"条件范围"内符合"条件"的数值将作为合计对象。

以年为单位汇总访客人数

按年份汇总数据时，需在操作列中输入YEAR函数，从日期中提取"年"数值。SUMIF函数的公式与前一页相似。

● 提取"年"数值到操作列，然后按年汇总

❶ =YEAR(A3)
　　　　序列值

❸ =SUMIF($C$3:$C$14, E3,
$B$3:$B$14)

在操作列的首个单元格中输入YEAR函数提取"年"❶，并将其复制到表的最后一行❷。在汇总栏的第一个单元格中输入SUMIF函数❸，并复制❹，得到年度的汇总结果。

格 式　　从日期中提取年（YEAR）

=YEAR(序列值)

日期

提取与"序列值"相对应的"年"。通常将"序列值"指定为日期格式。

📄 专栏　　也可使用数组公式

在以年、年月、季度和星期为单位进行汇总时，我们可以使用以下的单个公式实现，而无须准备操作列。在汇总栏的第一个单元格中输入公式，然后按 Ctrl + Shift + Enter 确定。确定后，公式会被括在"{}"中成为数组公式。详细操作请参照第61页。

```
以年为单位…=SUM(IF(YEAR($A$3:$A$14)=E3,$B$3:$B$14,0))
以年月为单位…=SUM(IF(TEXT($A$3:$A$14,"yyyy/mm")=E3,$B$3:$B$14,0))
以季度为单位…=SUM(IF(CHOOSE(MONTH($A$3:$A$14),4,4,4,1,1,1,2,2,2,
3,3,3)=E3,$B$3:$B$14,0))
以星期为单位…=SUM(IF(TEXT($A$3:$A$14,"aaa")=E3,$B$3:$B$14,0))
```

以年月为单位汇总访客人数

在汇总多个年份的数据时，和仅按"月"进行汇总不同，可能需要跨年按月份汇总。我们需使用TEXT函数从日期中提取"年月"，然后按年月为单位进行汇总。如果将日期指定为第1个参数"值"，并将"yyyy/mm"指定为第2个参数，则可以以"2019/01"格式提取年月。yyyy是代表年的4位数字，mm代表的是月的2位数字。

● 提取"年月"到工作列，并按年月为单位进行汇总

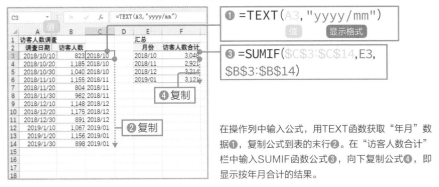

❶ =TEXT(A3,"yyyy/mm")

❸ =SUMIF($C$3:$C$14,E3,$B$3:$B$14)

在操作列中输入公式，用TEXT函数获取"年月"数据❶，复制公式到表的末行❷。在"访客人数合计"栏中输入SUMIF函数公式❸，向下复制公式❹，即显示按年月合计的结果。

格式　指定数值显示格式（TEXT）

=TEXT(值,显示格式)　　　　　　　　　　　　　　　字符串

··

返回指定"显示格式"的字符串。

专栏　在汇总表的"月"栏（单元格E3）中输入"2018/10"

单元格E3中输入了字符串"2018/10"。通常，在单元格中输入"2018/10"后，会被判断为输入的是日期。要在单元格中输入"2018/10"字符串，则需首先选择该单元格，然后从"开始"选项卡中"数字"组的"数字格式"列表里单击"文本"。之后，在单元格中输入"2018/10"，该内容会按输入的形式显示在单元格中。

以季度为单位汇总访客人数

组合使用CHOOSE和MONTH函数，可以从日期中获取季度。在操作列中获取季度数值，使用SUMIF函数进行汇总。

这里将4月至6月视为第1季度进行汇总。如果将1月至3月视为第1季度的话，需要将CHOOSE函数的第2个及以后的参数指定为"1,1,1,2,2,2,3,3,3,4,4,4"。我们会在第240页详细介绍如何获取季度数值。

第
2
章
按指定条件汇总数据

● 将"季度"提取到操作列，以季度为单位汇总

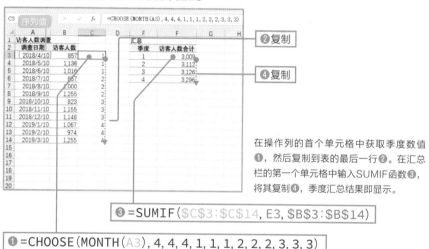

在操作列的首个单元格中获取季度数值❶，然后复制到表的最后一行❷。在汇总栏的第一个单元格中输入SUMIF函数❸，将其复制❹，季度汇总结果即显示。

❸ =SUMIF($C$3:$C$14, E3, $B$3:$B$14)

❶ =CHOOSE(MONTH(A3), 4, 4, 4, 1, 1, 1, 2, 2, 2, 3, 3, 3)
序列值

格 式　根据指定数值判断（CHOOSE）、提取日期的月份（MONTH）

=CHOOSE(索引, 值1, [值2], …)　　　　　　　检索

返回与指定为"索引"的数值相对应的"值"。如果"索引"为1，则返回"值1"，如果为2，则返回"值2"。

=MONTH(序列值)　　　　　　　日期

提取与"序列值"相对应的"月"数值。通常指定"序列值"为日期格式。

67

以周为单位汇总访客人数

　　我们可以使用WEEKNUM函数获取指定日期属于全年的第几周。指定日期为参数"序列值"，指定每周开始的日期为参数"周的起始"。如果是从周日开始，则指定为1或省略；如果是从周一开始，则指定为2。

　　在此，我们将包括"2019/4/1"的那周视为4月的第一周，该周的开始视为周日，在操作列中获取周数。如果我们输入"WEEKUN（A3）"，那么将计算从"2019/1/1"算起的总周数，因此，**我们要将从"2019/1/1"算起的总周数减去"2019/4/1"的周数，然后加1，将"2019/4/1"调整成为第一周**。将计算出的周数作为"条件范围"，然后使用SUMIF函数进行汇总。

● 获取"周"到操作列，以周为单位进行汇总

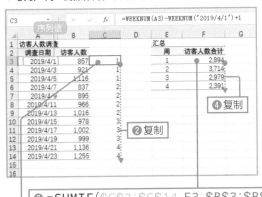

在操作列的第一个单元格中输入WEEKUN函数以获取"周"数值❶，将其复制到表的最后一行❷。如果显示的是日期，那么需要参考第215页的相关内容设置成"常规"显示格式以转换为数值。在汇总栏的第一个单元格中输入SUMIF函数❸，将其复制❹，以周为单位的汇总结果即显示出来。

❸ =SUMIF($C$3:$C$14, E3, $B$3:$B$14)

❶ =WEEKNUM(A3)-WEEKNUM("2019/4/1")+1
　　　　序列值　　　　「2019/4/1」的周数

格 式　　**根据日期获取周数（WEEKUM）**

=WEEKUM(序列值, [周的起始])　　　　　　　　　　　日期

....

获取与"序列值"相对应的周数。在"周的起始"中，要指定一周的开始日期是周几，以及第1周是包含1月1日的那一周还是包含第1个周四的那一周。如果省略，则意味着该周是从周日开始，而第1周是包括1月1日的那周。（参数表p.338）

以星期为单位汇总访客人数

按星期汇总数据时，需使用TEXT函数从日期中获取星期。将日期的单元格指定为第1个参数"值"，将星期的显示格式指定为第2个参数"显示格式"。如果指定为"aaa"，则可以以"二"的格式获取星期；如果指定为"aaaa"，则可以以"星期二"的格式获取星期（p.277）。

在此，我们指定"aaaa"为显示格式，以"二"的格式来获取星期，然后将获取到的星期作为"条件范围"，用SUMIF函数进行汇总。

● 提取"星期"到操作列，以星期为单位进行汇总

❶ =TEXT(A3, "aaaa")
　　　值　　显示格式

❸ =SUMIF($C$3:$C$14, E3, $B$3:$B$14)

在操作列的第1个单元格中输入TEXT函数提取"星期"数值❶，将其复制至表的最后一行❷。在汇总栏的第1个单元格中输入SUMIF函数❸，将其复制❹，以星期为单位的汇总结果即显示出来。

> 📝 笔记
>
> 如果将单元格C3指定为"=TEXT（A3,"aaa"）"，则"星期二"的显示结果将变为"二"。

格式　　为值应用显示格式（TEXT）

=TEXT(值, 显示格式)　　　　　　　　　　　　　　　　字符串

返回指定"显示格式"的字符串。

09 按工作日和休息日汇总

扫码看视频

汇总周六日/其他时间的销售数量

　　工作中有时需要按工作日和休息日分别进行汇总。这里我们分别对"周六日/其他""周六日节假日/其他""周一~周四节假日/其他"这三种情况的汇总方法进行介绍。首先，我们将周六日和其他时间分开汇总。

　　为了将一个星期分为周六日和其他日期，我们需要使用WEEKDAY函数将周几的编号提取到操作列中。关键是要将2指定为WEEKDAY函数的第2个参数。将第2个参数指定为2，则星期的编号返回值分别是：周一是1，周二是2……此时，星期的编号为5及以下，将判断为"工作日"，如果编号为6及以上，则判断为"周六日"。

● 提取"星期的编号"到操作列进行汇总

❶ =WEEKDAY(A3, 2)

使用WEEKDAY函数获取星期的编号到操作列的第1个单元格中❶，并将其复制到表的最后一行❷。
周一至周五的编号是1~5，而周六日的编号是6、7。

 笔记

将2指定为WEEKDAY函数的第2个参数，则星期的编号返回值为：工作日是1~5，周六日是6、7。

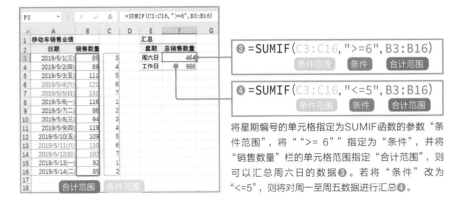

③ =SUMIF(C3:C16, ">=6", B3:B16)
条件范围　条件　合计范围

④ =SUMIF(C3:C16, "<=5", B3:B16)
条件范围　条件　合计范围

将星期编号的单元格指定为SUMIF函数的参数"条件范围"，将""＞= 6""指定为"条件"，并将"销售数量"栏的单元格范围指定"合计范围"，则可以汇总周六日的数据③。若将"条件"改为"<=5"，则将对周一至周五数据进行汇总④。

格　式　　获取星期编号（WEEKDAY），对符合条件的数据求和（SUMIF）

=WEEKDAY(序列值, [种类])　　　　　　　　　　　　日期

获取与"序列值"相对应的星期编号。在"种类"中指定返回值的种类。如果省略"种类"，则返回值将变为"1（周日）～7（周六）"。(参数表p.338)

=SUMIF(条件范围, 条件, [合计范围])　　　　　　　数学

从"条件范围"中检索符合"条件"的数据，并在"合计范围"中将与检索到的数据相对应的值相加。如果省略"合计范围"，则"条件范围"的数值将作为合计对象。

📖 专栏　　　**如何获取平均值和数据数量？**

本例中，我们使用SUMIF函数计算合计值，我们还可以使用AVERAGEIF函数求平均值，也可以使用COUNTIF函数求数据数量。后面介绍的"周六日节假日/其他"和"周一周四节假日/其他"的情况同样如此。

平均值………=AVERAGEIF(C3:C16, ">=6", B3:B16)

数据数量……=COUNTIF(C3:C16, ">=6")

汇总周六日节假日/其他时间销售数量

要分别汇总周六日节假日/其他时间的数据，则要判断该日期是否是周六日节假日。使用NETWORKDAYS函数可以实现这种判断。

NETWORKDAYS函数具有3个参数，分别为"开始日期""结束日期"和"节假日"，使用该函数可以获取从"开始日期"到"结束日期"的时间段中不包括周六日和"节假日"的工作日数。如果为"开始日期"和"结束日期"指定了相同的日期，并且返回值为1，则可以确定工作日数为1日，即指定的日期为工作日，如果返回值为0，则工作日数为0日，即可以将指定的日期判断为节假日。另外，需要将"节假日"这个参数指定为绝对引用（p.19），以便复制时不会变化。

● 按"工作日为1，节假日为0"格式显示在操作列中进行汇总

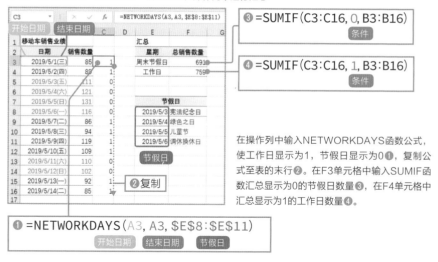

在操作列中输入NETWORKDAYS函数公式，使工作日显示为1，节假日显示为0❶，复制公式至表的末行❷。在F3单元格中输入SUMIF函数汇总显示为0的节假日数量❸，在F4单元格中汇总显示为1的工作日数量❹。

❶ =NETWORKDAYS(A3, A3, $E$8:$E$11)
开始日期　结束日期　节假日

格式　**获取工作日数（NETWORKDAYS）**

=NETWORKDAYS(开始日期, 结束日期, [节假日])　日期

将周六日以及指定为"节假日"的日期定为休息日，获取从"开始日期"到"结束日期"的工作日数。如果省略"节假日"，则仅周六日为休息日。

汇总周一周四节假日/其他时间销售数量

上一页我们使用的NETWORKDAYS函数将周六日视为了休息日，但是我们有时可能希望将周六日以外的其他时间作为休息日进行汇总。这时，我们可以使用NETWORKDAYS.INTL函数，通过参数"周末"自由指定周几为休息日。例如，将周一、周四指定为休息日，可将工作日指定为0，将休息日指定为1，将周一周二周三周四周五周六周日指定为1001000。节假日由参数"节假日"指定。

这里，我们按照周一周四节假日和其他时间进行分别汇总。汇总方法与上一页相似。

● 按"工作日为1，休息日为0"格式显示在操作栏中进行汇总

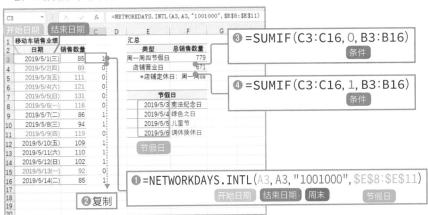

使用NETWORKDAYS.INTL函数，在操作列的第1个单元格中，将周一周四节假日显示为0，否则显示为1❶，然后复制到表的最后一行❷。使用SUMIF函数，以0为条件汇总周一周四和节假日的数据❸，以1为条件汇总其他数据❹。

格 式　获取工作日数（NETWORKDAYS.INTL）

=NETWORKDAYS.INTL(开始日期, 结束日期, [周末], [节假日])

　　　　　　　　　　　　　　　　　　　　　　　　　　　　　　日期

将"周末"中指定的星期和"节假日"中指定的日期设置为休息日，获取从"开始日期"到"结束日期"的工作日数。如果省略"周末"，则周六日是休息日。如果省略"节假日"，则仅"周末"是休息日。（参数表**p.334**）

10 以每月20日为截止日期按月汇总

以每月20日为截止日期汇总销售额

有时需要将月份的划分设置为"截止到10日"或"截止到20日",而不是按自然月汇总数据。这里我们来介绍这种数据汇总的方法。

将本月的20日及之前的日期视为这个月的数据时,21日及之后数据视为下个月的数据,我们需要从日期中减去20。减去20后,"3/21～4/20"变为"3/1～3/31","4/21～5/20"就变为"4/1～4/30",依此类推,截止日期单位中的一个月调整为了上个月的日期。基于该日期,我们可以使用EDATE函数获取一个月后的日期,然后使用MONTH函数检索日期的"月"数值并将其显示在操作列中。详细说明请参照第233页。

在实际汇总时,需要以提取出的月份作为"条件范围",使用SUMIF函数来获取合计值。

● 提取截止日期的"月"到操作列中进行汇总

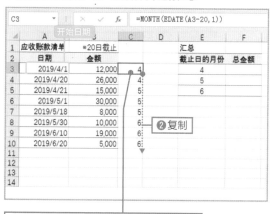

在操作列中输入EDATE函数和MONTH函数的组合公式,提取出"日期"的月数❶,向下复制公式到表的末行❷。
"4月20日"之前的日期为4月,"4月21日"及之后的日期为5月。

❶ =MONTH(EDATE(A3-20,1))
　　　　　　　　开始日期　月

指定操作列的单元格范围为SUMIF函数的第1个参数"条件范围",指定单元格E3为"条件",并指定"金额"栏的单元格范围为"合计范围"进行汇总❸。将"条件范围"和"合计范围"固定为绝对引用(p.19)。复制公式后会按月进行数据汇总❹。

❸ =SUMIF($C$3:$C$10, E3, $B$3:$B$10)
　　　　　　条件范围　　条件　　合计范围

格 式　　**获取几个月前后的日期(EDATE),其他**

=MONTH(序列值)　　　　　　　　　　　　　　　　　　日期

提取与"序列值"相对应的"月"数值。通常指定"序列值"为日期格式。

=EDATE(开始日期, 月)　　　　　　　　　　　　　　日期

获取"开始日期"的"月"数之后的日期的序列值。如果为"月"指定了负数,则将获取"月"数之前的日期。

=SUMIF(条件范围, 条件, [合计范围])　　　　　　　数学

从"条件范围"中检索符合"条件"的数据,然后将与检索到的数据相对应的"合计范围"的数值相加。如果省略"合计范围",则"条件范围"内符合"条件"的数值将作为合计对象。

📝 专栏　　**根据截止日期和付款日期进行汇总**

参考第234页,可以获取截止日期到操作列,然后在汇总表的条件栏中输入日期进行汇总。

	A	B	C	D	E	F
1	应收账款清单		*20日截止		汇总	
2	日期	金额	截止日期		截止日期	总金额
3	2019/4/1	12,000	2019/4/20		2019/4/20	38,000
4	2019/4/20	26,000	2019/4/20		2019/5/20	53,000
5	2019/4/21	15,000	2019/5/20		2019/6/20	29,000
6	2019/5/1	30,000	2019/5/20			
7	2019/5/18	8,000	2019/5/20			
8	2019/5/30	10,000	2019/6/20			

75

11 获取指定客户的第一个订单日期和最新订单日期

扫码看视频

查找符合条件的数据的最大值和最小值

`2019` `365`

　　在订购日期中，最小值可认为是首次订购日期，最大值可认为是最近订购日期。本节介绍两种获取首次订购日期和最近订购日期的方法，一种方法是使用MINIFS函数和MAXIFS函数，另一种方法是使用数组公式。

　　在Excel 2019或Office 365的Excel中，MINIFS函数或MAXIFS函数可用于从满足指定条件的数据中获取最小值或最大值。这里计算每个客户的订购日期最小值（首次订购日期）和最大值（最近订购日期）。

● 获取每个客户的首次订购日期和最近订购日期

指定"订购日期"栏的单元格范围为MINIFS函数的第1个参数"最小范围"。指定"客户"栏的单元格范围为第2个参数"条件范围1"，并指定已输入条件的单元格E3为第3个参数"条件1"，即可获取"樱花超市"的首次订购日期的序列值（p.214）❶。在"开始"选项卡的"显示格式"中设置日期的显示格式❷。

❶ =MINIFS(A3:A11, B3:B11, E3)
　　　　　最小范围　条件范围1　条件1

将函数的第1个参数"最小范围"和第2个参数"条件范围"设定为绝对引用（p.19）❸，然后复制公式❹，即可获取其他客户的首次订购日期。

❸ =MINIFS($A$3:$A$11, $B$3:$B$11, E3)
　　　　　　　　绝对引用　　　　　绝对引用

以相同的方式指定MAXIFS函数的参数❺，获取"樱花超市"的最近订购日期，复制公式获取其他客户数据❻。

❺ =MAXIFS($A$3:$A$11, $B$3:$B$11, E3)
　　最大范围　　　　　　条件范围1　　条件1

格　式　　**获取满足多个条件的最小值和最大值（MINIFS、MAXIFS）**

=MINIFS(最小范围, 条件范围1, 条件1, [条件范围2, 条件2], …)　统计

从"条件范围"中检索符合"条件"的数据，并获取检索到的数据相对应的"最小范围"的数值的最小值。最多可以指定127组"条件范围"和"条件"。与Excel 2019和Office 365版本兼容。

=MAXIFS(最大范围, 条件范围1, 条件1, [条件范围2, 条件2], …)　统计

从"条件范围"中检索符合"条件"的数据，并获取与检索到的数据相对应的"最大范围"的数值的最大值。最多可以指定127组"条件范围"和"条件"。与Excel 2019和Office 365版本兼容。

使用数组公式按条件获取最大值和最小值

组合使用MIN 函数/ MAX函数和IF函数的数组公式，可以获取满足条件的数据的最小值和最大值。这种方法的优点是任何版本的Excel都适用，注意需要按 [Ctrl]+[Shift]+[Enter] 键确认数组公式。

$$=MIN(IF(条件范围=条件,最大范围))$$

$$=MAX(IF(条件范围=条件,最大范围))$$

● 获取每个客户的首次订购日期和最近订购日期

AVERAGE ▾ : × ✓ fx =MIN(IF($B$3:$B$11=E3,$A$3:$A$11))

	A	B	C	D	E	F	G	H
1	销售业绩							
2	订购日期	客户	销售额		客户	首次订购日期	最近订购日期	
3	2016/10/27	樱花超市	1,355,000	条件	樱花超市	=MIN(IF($B$3:$B$11=E3,$A$3:$A$11))		
4	2016/11/10	石桥食品	2,103,000		石桥食品			
5	2017/2/24	樱花超市	933,000		中川食品			
6	2017/10/1	樱花超市	2,971,000					
7	2017/10/13	中川食品	706,0			❶ =MIN(IF($B$3:$B$11=E3,$A$3:$A$11))		
8	2018/2/5	樱花超市	1,382,0			条件范围 条件 最小范围		
9	2018/6/19	石桥食品	1,603,0					
10	2018/11/29	石桥食品	696,000					
11	2018/12/20	中川食品	857,000					
12					❷按[Ctrl]+[Shift]+[Enter] 键确定			
13	最小范围 条件范围							

输入 "=MIN（IF（$B$3:$B$11=E3,$A$3:$A$11））" ❶，设定 "条件范围" 和 "最小范围" 为绝对引用。按 [Ctrl]+[Shift]+[Enter] 键确认公式❷。

F3 ▾ : × ✓ ❸ {=MIN(IF($B$3:$B$11=E3,$A$3:$A$11))}

	A	B	C	D	E	F	G
1	销售业绩						
2	订购日期	客户	销售额		客户	首次订购日期	最近订购日期
3	2016/10/27	樱花超市	1,355,000		樱花超市	42670	
4	2016/11/10	石桥食品	2,103,000		石桥食品	❹	
5	2017/2/24	樱花超市	933,000		中川食品		
6	2017/10/1	樱花超市	2,971,000				
7	2017/10/13	中川食品	706,000				

公式被括在 "{}" 中，成为数组公式❸。结果显示为序列值（**p.214**）❹。

78

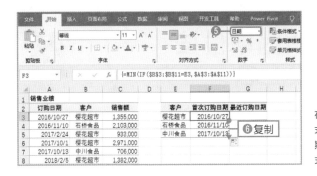

在"开始"选项卡的"显示格式"列表中设置显示格式为日期❺，显示日期后向下复制公式❻。

以相同的方式指定MAX函数的参数❼，按 Ctrl + Shift + Enter 键确认公式❽，然后向下复制该公式❾。

❼ =MAX(IF($B$3:$B$11=E3, $A$3:$A$11))
　　　　　　 条件范围　　　 条件　　　 最大范围

❽按 Ctrl + Shift + Enter 键确定

格式　　逻辑判断（IF）、求最小值（MIN）、求最大值（MAX）

=IF(逻辑表达式, [如果为真], [如果为假])　　　　　　　　　　　　逻辑

如果"逻辑表达式"为TRUE，则返回"如果为真"的值；如果为FALSE（假），则返回"如果为假"的值。

=MIN(数值1, [数值2], …)　　　　　　　　　　　　　　　　　　　统计

求"数值"的最小值。可以指定数值、单元格和单元格范围为"数值"。最多可以指定255个"数值"。

=MAX(数值1, [数值2], …)　　　　　　　　　　　　　　　　　　统计

求"数值"的最大值。可以指定数值、单元格和单元格范围为"数值"。最多可以指定255个"数值"。

12 以10岁为单位按年龄段汇总

获取每个年龄段客户的人数和平均购买金额

为按年龄段进行数据汇总，首先需要将年龄区分为年龄段，例如，将20～29岁转为20岁年龄段，将30～39岁转为30岁年龄段，依此类推。本节介绍如何使用ROUNDDOWN函数获取年龄段数值。

将"数值"指定为第1个参数，将"位数"指定为第2个参数，ROUNDDOWN函数返回的值是将"数值"按"位数"进行四舍五入后的值。如果将"位数"指定为-1，则可以截断个位数上的数值，变为十位为单位的数值。也就是说，26可以转换为20，43可以转换为40。

在表中准备出"年龄段"列，并将其用作"条件范围"，用AVERAGEIF函数获取平均购买金额，用COUNTIF函数获取人数。

● 从年龄中获取年龄段并进行汇总

将年龄单元格指定为ROUNDDOWN函数的参数"数值"，将"位数"指定为-1，从年龄中获取年龄段❶，复制公式❷。

❶ =ROUNDDOWN(C3, -1)

将"年龄段"列的单元格范围指定为AVERAGE函数的第1个参数"条件范围",将单元格G3指定为"条件",将"购买金额"列的单元格范围指定为"平均范围"❸。将"条件范围"和"平均范围"指定为绝对引用(p.19)并复制公式❹。以相同的方式指定COUNTIF函数的参数"条件范围"和"条件"❺。复制公式❻。

格式 　**向下舍入(ROUNDDOWN)、其他**

=ROUNDDOWN(数值, 位数)　　　　　　　　　　　数学

将指定"数值"按"位数"舍入。如果将"位数"指定为0,则"数值"小数点后的部分将被截断并返回整数。(参数表p.121)

=AVERAGEIF(条件范围, 条件, [平均范围])　　　统计

从"条件范围"中检索符合"条件"的数据,并获取与检索到的数据相对应的"平均范围"的数值的平均值。如果省略"平均范围",则"条件范围"内符合"条件"的数值将作为计算的对象。

=COUNTIF(条件范围, 条件)　　　　　　　　　　统计

从"条件范围"中检索符合"条件"的数据并返回符合"条件"的数据的个数。

13 按照500元为单位的价格范围汇总

扫码看视频

按产品的价格范围汇总销售数量

可以使用FLOOR.MATH函数来处理数值，并将其转换为较整的数，例如"以100元为单位""以250元为单位"或"以500元为单位"进行汇总。例如，在"以500元为单位"进行汇总的情况下，可将"1000及以上且小于1500"转换为1000，将"1500及以上且小于2000"转换为1500。我们可以使用此函数按价格范围汇总销售数量。

将"价格"列中的单元格范围指定为FLOOR.MATH函数第1个参数"数值"，指定500为第2个参数"基准值"，获取以500元为单位的价格。将其指定为"条件范围"，使用SUMIF函数获取销售数量的总数。

● 从价格中获取价格范围并汇总数据

| D3 | | ▾ | : | × | ✓ | f_x | =FLOOR.MATH(B3, 500) | | | |

	A	B	C	D	E	F	G	H	I	J
1	销售业绩	数值				按价格范围汇总				
2	产品编号	价格	销售数量	价格范围		价格范围		总数		
3	DT-101	1,250	200	● 1,000		1,000	~			
4	DT-102	1,350	300	1,000		1,500	~			
5	DT-201	1,600	150	1,500		2,000	~			
6	DT-202	1,600	200	1,500		2,500	~			
7	YA-101	1,800	100	1,500						
8	YA-102	2,200	200	2,000	❷复制					
9	YA-201	2,700	150	2,500						
10										

将价格的单元格范围指定为FLOOR.MATH函数的参数"数值"，将500指定为"基准值"，即可以500元为单位获取价格范围❶。将该公式复制到表的最后一行❷。

❶ =FLOOR.MATH(B3, 500)
数值 基准值

格式　向下取整到指定单位（FLOOR.MATH）

=FLOOR.MATH(数值, [基准值], [模式])　　　数学

将"数值"向下取整到"基准值"的倍数内的最近的值。如省略"基准值"，则可获取1的倍数。如果将"模式"指定为0或省略，则会向"数值"变小的方向处理。如指定为0以外的数值，则会向"数值"的绝对值变小的方向处理。

指定"价格范围"列中的单元格范围为SUMIF函数的第1个参数"条件范围",指定单元格F3为"条件",指定"销售数量"列中的单元格范围为"合计范围"❸。将"条件范围"和"合计范围"固定为绝对引用(p.19)。复制该公式,汇总以500元为单位的价格范围的销售数量总数❹。

❸ =SUMIF($D$3:$D$9, F3, $C$3:$C$9)
　　　 条件范围 　 条件 　 合计范围

第 2 章 按指定条件汇总数据

格 式　　对符合条件的数据求和(SUMIF)

=SUMIF(条件范围, 条件, [合计范围])　　　　　数学

从"条件范围"中检索符合 "条件"的数据,然后将与检索到的数据相对应的"合计范围"的数值相加。如果省略"合计范围",则"条件范围"内符合"条件"的数值将作为合计对象。

📄 专栏　　使用SUMIFS函数进行汇总

本例是从操作列中提取价格范围的下限数值进行汇总,还有一种使用SUMIFS函数进行汇总的方法。

▲	A	B	C	D	E	F	G	H
1	销售业绩					按价格范围汇总		
2	产品编号	价格	销售数量			价格范围		总数
3	DT-101	1,250	200			1,000	~	500
4	DT-102	1,350	300			1,500	~	450
5	DT-201	1,500	150			2,000	~	200

在大于或等于"单元格F3",小于"单元格F3 + 500"的条件下汇总

=SUMIFS($C$3:$C$9, $B$3:$B$9, ">="&F3, $B$3:$B$9, "<"&F3+500)

83

14 在1列中指定多个汇总条件

扫码看视频

使用SUMIF函数按都道府县汇总数据并对其结果求和

当我们想要从表的"都道府县"列中检索并汇总"东京都或千叶县或埼玉县"的数据时，要为同一列指定多个条件进行数据汇总，需要用到函数的组合技巧。这里我们介绍两种方法。

第1种方法很简单，使用SUMIF函数分别汇总东京都、千叶县和埼玉县数据，并合计汇总结果。公式的含义易于理解，因此在部门内进行汇总表的交接时比较容易。

● 在单元格G3、G4和G5的条件下汇总数据，并对其结果求和

| G7 | | | fx | =SUMIF(C3:C10, G3, E3:E10) +SUMIF(C3:C10, G4, E3:E10) +SUMIF(C3:C10, G5, E3:E10) |

	A	B	C	D	E	F	G	H	I	J	K	L
1	销售数据						汇总					
2	单据编号	客户姓氏	都道府县	住址	金额		都道府县					
3	10001	五十岚	东京都	北区…	12,500		东京都					
4	10002	柿沼	千叶县	船桥市…	3,800		千叶县	条件				
5	10003	山本	北海道	札幌市…	56,700		埼玉县					
6	10004	市川	东京都	大田区…	126,200		总金额					
7	10005	林	大阪府	大阪市…	41,000		268,400					
8	10006	茨田	埼玉县	所泽市…	32,400							
9	10007	木下	千叶县	浦安市…	62,500							
10	10008	佐藤	东京都	清濑市…	31,000							
11			条件范围		合计范围							
12												

=SUMIF(C3:C10, G3, E3:E10) +SUMIF(C3:C10, G4, E3:E10)
　　　　东京都的金额合计　　　　　　　　　　　　千叶县的金额合计

+SUMIF(C3:C10, G5, E3:E10)
　　　　埼玉县的金额合计

使用数组公式汇总数据

第1种方法简单易懂，但是公式太长。如果要使用简洁的公式进行计算，则可使用数组公式。

将输入了"东京都""千叶县"和"琦玉县"的单元格G3 ~ G5指定为SUMIF函数的参数"条件"，并输入为数组公式，则会汇总各都县的数据，然后即可用SUM函数进行求和。

● 以单元格G3、G4、G5作为条件汇总数据

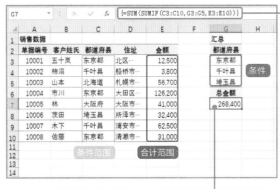

③公式被"{}"括了起来

②按 Ctrl + Shift + Enter 键

在"总金额"的单元格G7中输入"= SUM(SUMIF(C3:C10,G3:G5, E3:E10))"❶，然后按 Ctrl + Shift + Enter 键❷。该公式会被"{}"括起来，成为数组公式❸，显示以单元格G3 ~ D5为条件的汇总结果的合计值。

第 2 章 按指定条件汇总数据

❶ =SUM(SUMIF(C3:C10, G3:G5, E3:E10))
条件范围　条件　合计范围

上面的数组公式等效于以下公式。

=SUM(SUMIF(C3:C10, G3, E3:E10), SUMIF(C3:C10, G4, E3:
E10), SUMIF(C3:C10, G5, E3:E10))

格 式　合计符合条件的数据（SUMIF）、求和（SUM）

=SUMIF(条件范围, 条件, [合计范围])　　数值

从"条件范围"中检索符合"条件"的数据，将与检索到的数据相对应的"合计范围"的数值相加。如果省略"合计范围"，则"条件范围"的数值将作为合计对象。

=SUM(数值1, [数值2], …)　　数值

获取"数值"的合计。可以将数值、单元格和单元格范围指定为"数值"。最多可以指定255个"数值"。

15 条件汇总的万能技术："与""或"的组合

扫码看视频

用"或"连接不同列中的条件进行多条件汇总

对于同一列的"或"条件，可以用第84页介绍的方法进行数据汇总，对于只含"与"的多个条件，使用SUMIF函数即可汇总数据，但是，当用"或"连接不同列的条件时，这些方法就不可用了。

使用OR函数，可以按不同列的"或"条件进行汇总。此外，使用AND函数，可以实现将"与"和"或"组合在一起按多个条件进行汇总。这里我们用"○"表示符合"英语1级或汉语1级或汉语2级"条件的数据，并使用COUNTIF函数来计数。

● 计算符合条件的员工数量

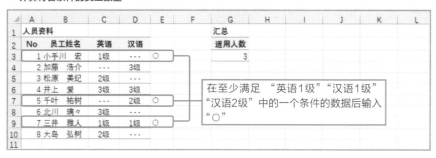

"英语1级"的条件为"C3 ="1级"","汉语1级"的条件为"D3 ="1级"","汉语2级"的条件为"D3 ="2级""。将它们指定为OR函数的参数，可以表示条件"英语1级或汉语1级或汉语2级"。

$$OR(C3="1级", D3="1级", D3="2级")$$

英语1级　　　　汉语1级　　　　　汉语2级

指定此条件表达式为IF函数第1个参数"逻辑表达式"，在与该条件相匹配的数据后输入"○"。之后使用COUNTIF函数计算"○"数量。

● **在符合条件的数据后用"○"做标记并汇总数据**

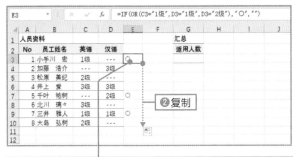

指定OR函数的条件表达式为IF函数的第1个参数"逻辑表达式"。指定"○"为函数的第2个参数"如果为真"，指定""""为第3个参数"如果为假" ❶。复制此公式，符合条件的数据后显示"○"，不符合条件的数据后不显示任何内容 ❷。

❶ =IF(OR(C3="1级", D3="1级", D3="2级"), "○", "")
　　　　　　 逻辑表达式　　　　　　　 如果为真　 如果为假

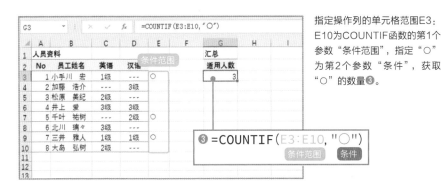

指定操作列的单元格范围E3：E10为COUNTIF函数的第1个参数"条件范围"，指定"○"为第2个参数"条件"，获取"○"的数量 ❸。

❸ =COUNTIF(E3:E10, "○")
　　　　　　 条件范围　 条件

格式　**逻辑判断（IF）、"或"条件(OR)**

=IF(逻辑表达式, [如果为真], [如果为假])　　　　　逻辑

如果"逻辑表达式"为TRUE（真），则返回"如果为真"的值，如果为FALSE（假），则返回"如果为假"的值。

=OR(逻辑表达式1, [逻辑表达式2], …)　　　　　　逻辑

如果至少有一个指定的"逻辑表达式"为TRUE（真），则返回TRUE。反之，则返回FALSE。最多可以指定255个"逻辑表达式"。

=COUNTIF(条件范围, 条件)　　　　　　　　　　统计

从"条件范围"中检索符合"条件"的数据并返回符合条件的数据的数量。

按"与"和"或"的组合条件进行汇总

接下来，在下表中的"性别为女，并且年龄在30岁及以上，且等级为A或B"的条件下，获取"年度购买金额"的合计。

● 合计符合条件的客户的"年度购买金额"数据

	A	B	C	D	E	F	G	H	I	J	K
1	客户名单								汇总		
2	No	姓名	性别	年龄	等级	年度购买金额			购买总额		
3	1 市川	美纪	女	51	A	58,000	○				
4	2 高村	义彦	男	32	A	69,000					
5	3 泽田	则之	男	45	S	167,000					
6	4 藤堂	由香	女	31	A	79,500	○				
7	5 松本	庆子	女	24	B	15,000					
8	6 小林	健二	男	26	B	8,500					
9	7 杉村	彗	女	37	B	42,000	○				
10	8 金井	京子	女	39	S	216,000					
11											
12											
13											

在符合条件"女性"与"30岁及以上"与"等级为A或B"的数据后输入"○"

首先，我们来考虑第1个数据的条件。需要使用AND函数表示"与"条件。

AND（性别为女性, 年龄在30岁及以上, 等级为A或B）

"性别是女性"这个条件可以表示为"C3="女"，"年龄为30岁及以上"的条件可以表示为"D3>=30"。同样，使用OR函数可以将"等级是A或B"表示为"OR(E3="A",E3="B")"。将这些合并到AND函数中。

AND（C3="女", D3>=30, OR(E3="A", E3="B")）

性别为女   年龄为30岁及以上   等级为A或B

指定此条件表达式为IF函数的第1个参数"逻辑表达式"，在符合条件的数据后用"○"标记，然后使用SUMIF函数进行数据汇总。

● 在符合条件的数据后标记"○"并汇总数据

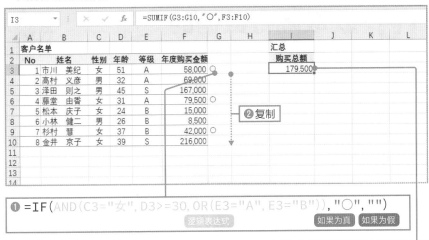

❶ =IF(AND(C3="女", D3>=30, OR(E3="A", E3="B")), "○", "")
          逻辑表达式   如果为真 如果为假

❸ =SUMIF(G3, G10, "○", F3:F10)
          条件范围   条件   合计范围

指定AND函数的条件表达式为IF函数的第1个参数"逻辑表达式"。指定"○"为第2个参数"如果为真"，指定1为第3个参数"如果为假"❶，复制公式❷。指定操作列的单元格范围为SUMIF函数的第1个参数"条件范围"，指定"○"为第2个参数"条件"，指定"年度购买金额"的单元格范围为第3个参数"合计范围"。获取合计❸。

格式　 "与"条件（AND）、对符合条件的数据求和（SUMIF）

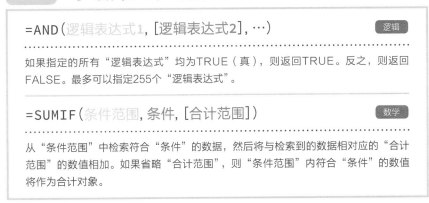

=AND(逻辑表达式1, [逻辑表达式2], …)   逻辑

如果指定的所有"逻辑表达式"均为TRUE（真），则返回TRUE。反之，则返回FALSE。最多可以指定255个"逻辑表达式"。

=SUMIF(条件范围, 条件, [合计范围])   数学

从"条件范围"中检索符合"条件"的数据，然后将与检索到的数据相对应的"合计范围"的数值相加。如果省略"合计范围"，则"条件范围"内符合"条件"的数值将作为合计对象。

16 获取隔行数据的合计

获取隔行数据的合计

　　获取隔行数据的合计时，如果输入"＝C3+C5+C7+…"这样的公式会比较麻烦。我们可以以行号为偶数或奇数的条件进行汇总。

　　输入ROW函数可以获取输入单元格的行号。指定该函数为MOD函数的第1个参数"数值"，并指定2为第2个参数"除数"，则会获取行号除以2的余数。由于奇数行的余数为1，偶数行的余数为0，因此，可以将这些数值作为条件用于SUMIF函数求和。

● 显示"奇数行为1，偶数行为0"到操作列中并汇总数据

❶ =MOD(ROW(), 2)
　　　　　数值　除数

在操作列中输入公式❶，然后复制该公式到表的最后一行❷。奇数行被标注为1，偶数行被标注为0。

格 式　　求除法的余数（MOD）、查找行号（ROW）

=MOD(数值, 除数)　　　　　　　　　　　　　　　　　数学

求"数值"除以"除数"时得到的余数。

=ROW([引用])　　　　　　　　　　　　　　　　　　检索

获取指定为"引用"的单元格的行号。如果省略了"引用"，则将获取输入了公式的单元格的行号。

③ =SUMIF(D3:D8, 1, C3:C8)
[条件范围] [条件] [合计范围]

④ =SUMIF(D3:D8, 0, C3:C8)
[条件范围] [条件] [合计范围]

指定操作列的单元格范围为SUMIF函数的参数"条件范围",指定1为"条件",并指定"费用"列的单元格范围为"合计范围",可获取奇数行的合计③。如果将"条件"变为0,则可获取偶数行的合计④。

格式 **对符合条件的数据求和(SUMIF)**

=SUMIF(条件范围, 条件, [合计范围]) 　　　　　　　　　[数学]

从"条件范围"中检索符合"条件"的数据,然后将与检索到的数据相对应的"合计范围"的数值相加。如果省略"合计范围",则"条件范围"内符合"条件"的数值将作为合计对象。

实用专业技巧! **用数组公式进行求和**

在本例中输入以下公式并按 [Ctrl] + [Shift] + [Enter] 键进行确认,则该公式将变为数组公式(p.36),无须使用操作列即可获取奇数行的合计。如果将公式中的1变为0,则可获取偶数行的合计。

奇数行:=SUM(IF(MOD(ROW(C3:C8),2)=1,C3:C8))
偶数行:=SUM(IF(MOD(ROW(C3:C8),2)=0,C3:C8))

如果将ROW函数变为COLUMN函数,则可以实现隔列求和。

=SUM(IF(MOD(COLUMN(B4:G4), 2)=0, B4:G4))

17 汇总通过自动筛选提取出的数据

扫码看视频

汇总通过自动筛选提取出的数据

  我们可以使用SUBTOTAL函数对自动筛选的提取结果进行汇总。自动筛选是一种便捷的功能，通过单击表的标题行中▼按钮，在显示出的菜单中选择提取条件，就可以提取数据。在SUMIF函数等"…IF"类函数中，需要指定条件参数，因此汇总对象的判断条件是固定的。另一方面，因为**SUBTOTAL函数可根据当时提取的条件进行数据汇总，所以，当我们想要在多种条件下反复提取数据同时分析汇总结果时，使用SUBTOTAL函数非常方便。**

  在SUBTOTAL函数中，需要指定"汇总方法"为第1个参数，并指定汇总对象的整个单元格范围为第2个参数。

格 式 **按指定方法汇总（SUBTOTAL）**

=SUBTOTAL（汇总方法, 引用1, [引用2], …）   数学

使用"汇总方法"中指定的方法来汇总"引用"的数据。指定下表的数值为"汇总方法"。可以指定最多254个"引用"。

● SUBTOTAL函数的"汇总方法"参数设定值

汇总方法	汇总方法（不包括隐藏行）	函数	说明
1	101	AVERAGE	平均值
2	102	COUNT	数值的数量
3	103	COUNTA	数据的数量
4	104	MAX	最大值
5	105	MIN	最小值
6	106	PRODUCT	积
7	107	STDEV.S	无偏标准差
8	108	STDEV.P	样本标准差
9	109	SUM	合计值
10	110	VAR.S	无偏方差
11	111	VAR.P	样本方差

下图是使用SUBTOTAL函数计算"销售额"列中数值的个数的示例。如果未筛选数据，则会获取所有数据的汇总结果，如果筛选了数据，则仅获取筛选的数据的汇总结果。

● 仅汇总筛选的数据

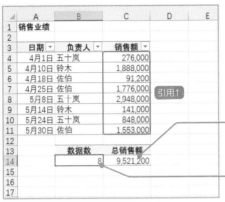

如果将2指定为SUBTOTAL函数的参数"汇总方法"，并将"销售额"列的整个单元格范围指定为参数"引用1"，则可获取销售额的数值的个数❶。

如果指定9为参数"汇总方法"，则将计算总销售额❷。

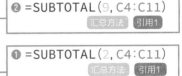

❷ =SUBTOTAL(9,C4:C11)
汇总方法　引用1

❶ =SUBTOTAL(2,C4:C11)
汇总方法　引用1

❹仅汇总筛选出的数据

单击"负责人"右侧▼按钮，然后选择"五十岚"以提取五十岚先生（女士）的数据❸。同时，汇总结果将变为五十岚先生（女士）的数据数量和总销售额❹。

📝 笔记

要在列标题单元格中显示▼按钮，可选择表中的单元格，然后单击"数据"选项卡中"筛选"按钮。

📝 专栏　　如何手动排除和汇总显示的行的值？

如果指定101～111作为SUBTOTAL函数的第1个参数"汇总方法"，则可以在汇总时排除隐藏的行。"隐藏的行"是指通过右键单击行标题选择"隐藏"命令隐藏的行。

18 获取小计和累计：SUM与SUBTOTAL函数

扫码看视频

使用自动求和函数一次性计算小计和累计

有时我们需要在表中进行小计汇总。本节我们将使用SUM函数和SUBTOTAL函数实现小计和累计计算。

首先，我们使用SUM函数完成计算。**使用自动求和功能，我们可以一次性地计算小计和累计**。其关键是使用 Ctrl 键和拖动鼠标分别选择小计行和累计行。分别选择表格底部的累计行和与其相邻的小计行，然后单击"自动求和"按钮。

● **使用自动总和函数获取小计和累计**

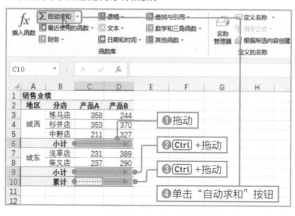

拖动选择第一个小计栏❶。按住 Ctrl 键拖动选择第2个小计栏❷，采用同样方法选中累计栏❸。选择完成后，单击"公式"选项卡中的"自动求和"按钮❹。

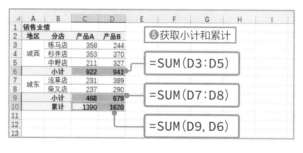

每个选定的单元格中会同时输入SUM函数，可以获取小计或累计值❺。另外，如果汇总对象的数值单元格中混入了公式单元格，则系统可能会误认为它是需要汇总的单元格，因此我们要检查输入的公式。

使用SUBTOTAL函数计算小计和累计

如果数据量很大，使用自动求和的方法时，选择单元格可能会很费工夫。另外，使用自动求和函数的话，添加新数据时必须修改累计的公式，所以会非常麻烦。

对于大型表或之后要添加新数据的表，可以使用SUBTOTAL函数。在SUBTOTAL函数中，如果指定为参数"引用"的单元格范围中包含SUBTOTAL函数，则该单元格不会被汇总。

● **使用SUBTOTAL函数计算小计和累计**

指定表示"合计"的9（参阅**p.92**）为SUBTOTAL函数的参数"汇总方法"。指定要合计的单元格范围为参数"引用1"，然后获取小计❶。

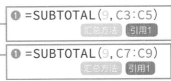

要获取总数，需指定整列C为SUBTOTAL函数的参数"引用1"❷。然后，可获取C列中的数值单元格的合计，其中不包括字符串单元格和输入了SUBTOTAL函数的单元格❸。

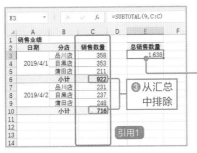

❷ =SUBTOTAL（9, C:C）
汇总方法 引用1

如果输入新的数据，总数将自动更新

格 式　**按指定方法汇总数据（SUBTOTAL）**

=SUMTOTAL（汇总方法, 引用1, [引用2], …）　

使用"汇总方法"中指定的方法来汇总"引用"的数据。最多可指定254个"引用"。（参阅**p.92**）

19 通过平行计算汇总 跨越多张工作表的数据

扫码看视频

汇总从"新宿店"到"池袋店"工作表中的数据

汇总多张工作表中的同样样式的表内的数据，这种汇总看似很复杂，**但利用自动求和功能可以快速实现。**

在下图的示例文件中，"新宿店""涩谷店""池袋店"工作表中创建了相同样式的表。我们要将每个工作表的同一个单元格中的数据汇总到"所有店铺汇总"工作表中。这种计算被称为"平行计算"或"三维汇总"等。

● 使用平行计算汇总3张工作表的数据

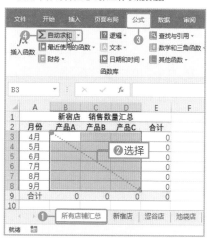

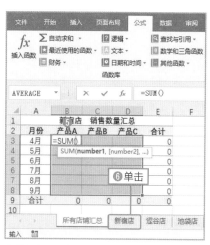

显示汇总用的工作表❶，选择要输入汇总结果的单元格范围B3:D8❷。切换至"公式"选项卡❸，单击"自动求和"按钮❹。

在选择范围的第1个单元格中输入"= SUM()"❺。单击汇总对象的第一个工作表标签"新宿店"❻。

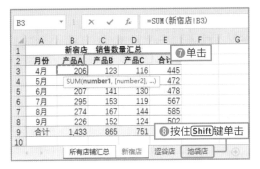

此时切换到"新宿店"工作表,单击单元格B3❼。接下来,按住 [Shift] 键,然后单击最后一个汇总对象"池袋店"工作表的标签❽。

"新宿店"到"池袋店"的所有工作表即被选择❾。按住 [Ctrl] 键,然后按下 [Enter] 键确认公式❿。

📝 笔记

按下 [Ctrl] + [Enter] 键可在所有选定单元格中输入公式。

	A	B	C	D	E	F	G
B3				fx	=SUM(新宿店:池袋店!B3)		
1		新宿店	销售数量汇总		合计		
2	月份	产品A	产品B	产品C	合计		
3	4月	464	284	264	1,012		
4	5月	465	327	249	1,041		
5	6月	458	331	268	1,057		
6	7月	547	372	260	1,179		
7	8月	613	346	273	1,232		
8	9月	546	350	298	1,194		
9	合计	3,093	2,010	1,612	6,715		
10							

所有店铺汇总 | 新宿店 | 涩谷店 | 池袋店

汇总结果显示在"所有店铺汇总"工作表中。单元格B3中的公式"=SUM(新宿店:池袋店! B3)"⓫,其含义是汇总从"新宿店"工作表到"池袋店"工作表的所有工作表中单元格B3的数据。

⓫ =SUM(新宿店:池袋店!B3)
　　　　数值1

格 式　**求和(SUM)**

=SUM(数值1, [数值2], …)　　　　数学

获取"数值"的合计。可以指定数值、单元格和单元格范围为"数值"。最多可以指定255个"数值"。

20 计算数据数量和空白单元格数量的各种COUNT函数

扫码看视频

计算所有单元格、数据、数值、空白单元格的数量

使用计数函数时要明确计数对象、需要计数的内容以及需要从计数中排除的内容。 例如，COUNTBLANK函数从其名称来看，容易误认为是计算未输入内容的单元格的数量，但实际上它也对某些显示空白的单元格进行计数。为防止出现计数错误，我们需要了解每个函数的特征。

下图计算的是A3:D7这20个单元格在各种条件下的数量。

● 计算各种条件下的单元格的数量

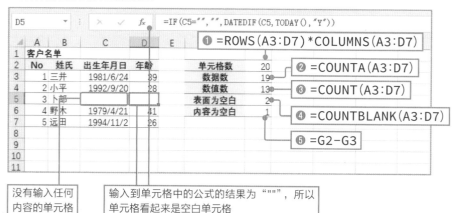

没有输入任何内容的单元格

输入到单元格中的公式的结果为 """"，所以单元格看起来是空白单元格

❶ **计算指定范围内的单元格数量**
使用获取指定单元格范围的行数的ROWS函数和获取列数的COLUMNS函数，以"ROWS（单元格范围）* COLUMNS（单元格范围）"方法来计算"行数×列数"，可以获取指定范围的单元格的数量。在示例中，"5行×4列"得出的结果为20。

❷ **计算输入了数据的单元格的数量**
使用COUNTA函数，可以计算输入了数据或公式的单元格的数量。示例中的单元格D5，表面看来是空白单元格，但实际上已输入了公式，因此是计数对象。计数仅排除未输入数据的单元格C5，因此，结果为19。

❸ 计算数值单元格的数量

可以使用COUNT函数来计算数值单元格的数量。作为公式结果显示为数值的单元格也是计数对象。由于日期是一种称为"序列值"的数值数据（**p.214**），因此也是计数对象。在示例中，No列中有5个数值，"出生年月日"列中有4个日期，"年龄"列中的公式结果有4个数值，因此结果为13。

❹ 计数表面为空白的单元格

我们可以使用COUNTBLANK函数来计数没有输入任何内容的单元格。公式结果为空白字符串""""的单元格也是计数对象。示例中，公式结果为""""的单元格D5和没有输入任何内容的单元格C5均被视作计数对象，计数结果为2。另外，COUNTBLANK函数不计算在其中输入了空格的单元格。

❺ 计数内容为空白的单元格

用步骤❶获取的单元格数减去步骤❷获取的单元格数，即排除了公式结果为""""的单元格D5，从而计数真正为空白的单元格C5。计数结果为1。

> **格 式**　求行数（ROWS），求列数（COLUMNS）

=ROWS（[数组]）　　　　　　　　　　　　　　　　检索

......

获取"数组"中包含的单元格范围或数组的行数。

=COLUMNS（[数组]）　　　　　　　　　　　　　　检索

......

获取"数组"中包含的单元格范围或数组的列数。

> **格 式**　获取数据数（COUNTA），获取数值数（COUNT），获取空白单元格数(COUNTBLANK)

=COUNTA（值1,[值2],…）　　　　　　　　　　　　统计

......

获取"值"中包含的数据个数。未输入内容的单元格不被计算在内。

=COUNT（数值1,[数值2],…）　　　　　　　　　　统计

......

获取"数值"的数量。可以指定数值、单元格、单元格范围为"数值"。

=COUNTBLANK（范围）　　　　　　　　　　　　　统计

......

获取"范围"中包含的空白单元格的数量。

21 COUNTIF函数基础：按男女性别计算人数

扫码看视频

按男女性别分别计算人数

使用COUNTIF函数可以对符合条件的数据进行计数。例如以"男""女"之类的完全匹配条件或以"东京都"开头之类的部分匹配条件或"2019/1/1及以后"之类的指定范围条件进行计数。

这里我们合计与会员名单中的"男"完全匹配的数据的数量。将"性别"列中的单元格范围C3:C9指定为COUNTIF函数的第1个参数"条件范围"，将输入了"男"的单元格G2指定为函数的第2个参数"条件"。

● **使用COUNTIF函数获取性别为"男"的会员数量**

=COUNTIF(C3:C9,G2)

条件范围 条件

格 式　　**计算符合条件的数据数量（COUNTIF）**

=COUNTIF(条件范围, 条件)　　　　　　　　　　　　　　　统计

从"条件范围"中检索符合"条件"的数据并返回数据的数量。

若要正确复制公式并汇总性别为"女"的数据数量，需要使用绝对引用（p.19）指定函数的第1个参数"条件范围"，使复制公式时单元格编号不会变化。如果将第二个参数"条件"的"G2"保持相对引用不变，那么，复制的公式的条件会变为G3，从而获取性别为"女"的数据数量。

● 复制公式前需设定"条件范围"为绝对引用

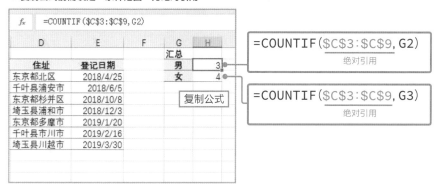

第 2 章　按指定条件汇总数据

📖 **专栏**　　**在部分匹配条件和指定范围条件下进行计数**

我们可以使用"*"和"？"这类通配符来对符合部分匹配条件的数据进行计数。下面的公式是在地址以"东京都"开头的条件下对数据数量进行计数。

$$=COUNTIF(D3:D9,"东京都*")$$

另外，我们可以使用比较运算符在指定范围条件下对数据进行计数。以下公式计算的是注册日期为"2019/1/1"或以后的数据数量。

$$=COUNTIF(E3:E9,">=2019/1/1")$$

COUNTIF函数的条件指定方法与SUMIF函数的相同。通配符的相关内容请参阅第46页，比较运算符的相关内容请参阅第48页。

22 按年龄段对调查问卷的回答交叉汇总

扫码看视频

以行标题和列标题为条件交叉汇总

COUNTIFS函数最多可指定127组"条件范围"和"条件",并对所有符合指定条件的数据进行计数。第52页介绍了其基本用法。本节我们按年龄段和回答内容对调查问卷的回答进行交叉汇总。

为了便于在调查问卷的回答列表中按年龄段和回答内容进行汇总,我们使用ROUNDDOWN函数计算出年龄段到操作列。使用COUNTIFS函数以年龄段和回答内容为条件对相关数据进行计数。首先,我们对年龄段为20且回答为"喜欢"的数据进行计数。

● 从年龄中获取年龄段

❶ =ROUNDDOWN(C3, -1)
数值 位数

将年龄单元格指定为ROUNDDOWN函数的参数"数值",将−1指定为"位数",即可以截断年龄的个位并将其转换为10为单位的数值❶。将此公式复制到表的最后一行❷。

格式　**向下取整（ROUNDDOWN）**

=ROUNDDOWN(数值, 位数)

数学

用指定的"位数"截断数值。如果指定"位数"为0,则"数值"小数点后的部分将被截断并返回整数。(参数表p.121)

● 计算20岁年龄段且"喜欢"的数量

指定操作列的单元格范围和输入了20的单元格H4为COUNTIFS函数的第1组条件。此外，指定"回答"列的单元格范围和输入了"喜欢"的单元格I3作为函数的第2组条件，即可以获取20岁年龄段中回答"喜欢"的人数❸。

❸ =COUNTIFS(E3:E16, H4, D3:D16, I3)
条件范围1 条件1 条件范围2 条件2

复制上图中的公式时，需要将参数"条件范围1"和"条件范围2"固定为绝对引用。由于所有年龄段的条件都已在H列中输入，因此，可仅固定参数"条件1"中的列，因为"回答"条件都已输入在了第3行，因此，可将参数"条件2"指定为仅固定行的复合引用（p.22）。

● 区分使用绝对引用/复合引用复制公式

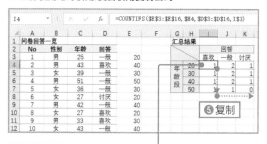

在指定"条件范围1""条件范围2"时，采用绝对引用；指定"条件1"和"条件2"时，采用复合引用❹。向下向右复制公式，即可显示各年龄段的汇总结果❺。

❹ =COUNTIFS($E$3:$E$16, $H4, $D$3:$D$16, I$3)
固定列的复合引用　　　　　固定行的复合引用

格 式　计算满足多个条件的数据数量（COUNTIFS）

=COUNTIFS(条件范围1, 条件1, [条件范围2, 条件2], …)　　统计

从"条件范围"中检索符合"条件"的数据，并获取被检索数据的数量。最多可以指定127组"条件范围"和"条件"。

23 使用COUNTIF函数显示重复数据

扫码看视频

将产品代码重复的所有数据显示为"重复"

在不允许有重复数据的表中，有时需要查找重复数据，以更正或删除重复数据。本节我们介绍找出重复数据的方法。首先**介绍一种将所有重复数据显示为"重复"的方法**。

这里我们将产品代码重复的产品标记为"重复"。示例中两个位置输入了产品代码"AK-1033"，其中一处可能不正确。标记为"重复"字样，便于我们发现输入错误。

● **计算有多少个相同的"产品代码"**

D3			fx	=COUNTIF($A$3:$A$8,A3)

条件范围　条件

	A	B	C	D	E
1	产品列表				
2	产品代码	产品名称	单价		
3	AK-1015	A4复印纸	¥550	1	
4	AK-1033	A5复印纸	¥450	2	
5	AK-2015	B4复印纸	¥600	1	
6	AK-1033	B5复印纸	¥500	2	
7	DT-1111	贴纸4x3	¥480	1	
8	DT-1112	贴纸6x2	¥480	1	
9					
10				❷复制	
11					

首先计算有多少个与单元格A3中的"AK-1015"相同的数据。用绝对引用（p.19）指定"产品代码"列的单元格范围为COUNTIF函数的第1个参数。将单元格A3指定为第2个参数"条件"，即可计算包含"产品代码"列中的"AK-1015"的数量❶，复制此公式❷，即可看出有2个"AK-1033"。

❶ =COUNTIF($A$3:$A$8, A3)
　　　　　　　条件范围　　条件

> 📝 **笔记**
>
> 查找重复数据的另一种方法是使用"条件格式"的功能。在"商品代码"列中选择单元格范围，然后在"开始"选项卡下依次单击"条件格式""突出显示单元格规则"和"重复值"。在弹出的对话框中单击"确定"按钮，重复的数据单元格即被着色显示。

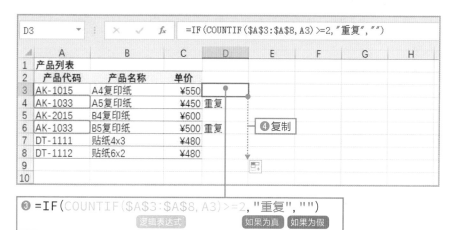

❸ =IF(COUNTIF($A$3:$A$8, A3)>=2,"重复","")
　　　　　　　　逻辑表达式　　　　如果为真　如果为假

如果COUNTIF函数返回的结果是数值形式，可能会难以理解，因此我们将它与IF函数组合使用，将2个及2个以上的数据，显示为"重复"。指定"COUNTIF函数的结果为2及以上"的条件表达式为IF函数的第1个参数"逻辑表达式"，将"重复"指定为函数的参数"如果为真"，指定空白字符串""""为函数的参数"如果为假"❸，复制公式❹。

格式　　**计算符合条件的数据数量（COUNTIF），逻辑判断（IF）**

=COUNTIF(条件范围,条件)　　　　　　　　　　　　统计

从"条件范围"中检索符合"条件"的数据并返回数据的数量。

=IF(逻辑表达式,[如果为真],[如果为假])　　　　　　逻辑

如果"逻辑表达式"为TRUE（真），则返回"如果为真"的值；如果为FALSE（假），则返回"如果为假"的值。

如何避免之后输入重复数据

　　接下来，我们介绍如何使第二个及以后的重复数据中显示为"重复"。这里我们查找下页图中的研讨会申请人名单中重复的员工编号。在上图的示例中，两个重复的产品代码中的任何一个都有可能不正确，因此，将所有重复的数据都标记为"重复"。而在下面这个示例中，第一个重复数据可以原样保留，所以，我们让第二个及以后出现的重复数据显示为"重复"。

首先使用COUNTIF函数列出每个员工编号的出现次数。创建公式如下。

·第1个员工号码的出现次数
　计算单元格B3到B3范围内的单元格B3的值→ =COUNTIF(B3:B3, B3)

·第2个员工号码的出现次数
　计算单元格B3到B4范围内的单元格B4的值→ =COUNTIF(B3:B4, B4)

·第3个员工号码的出现次数
　计算单元格B3到B5范围内的单元格B5的值→ =COUNTIF(B3:B5, B5)

　　如果以"绝对引用：相对引用"，如"$B$3:B3"的形式来指定函数的参数"条件范围"，则复制公式时会将起点固定为单元格B3，终点分别变为B3、B4、B5。

● 为员工编号列出出现次数

要获取各行员工编号的出现次数，则要计算出从"员工编号"列的第1个单元格到当前行的员工编号的出现次数。

为此，我们可将"$B$3:$B"指定为COUNTIF函数的参数"条件范围"，起点指定为绝对引用，终点指定为相对引用。指定B3为参数"条件"❶。复制此公式到表的最后一行❷。

> 📝 笔记
>
> 起点指定为绝对引用，而终点指定为相对引用。
>
> =COUNTIF($B$3:B3, B3)
> 起点绝对引用 终点相对引用

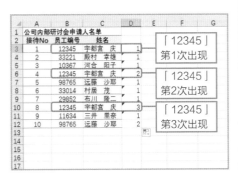

已列出了各员工编号的出现次数。例如，由于12345输入了3次，因此按出现顺序从上到下分别被设为1、2和3。

另外，复制了公式的单元格的左上角会出现一个错误指示符（绿色三角形），但是不必在意，其删除方法可参照第116页。

● 将第2次及以后出现的重复数据显示为"重复"

若结果为数值格式，可能会难以理解，因此可以与IF函数组合使用，将第2次及以后出现的数据显示为"重复"。

将"COUNTIF函数的结果为2或以上"的条件表达式指定为IF函数的第1个参数"逻辑表达式"，将""重复""指定为参数"如果为真"，指定空白字符串的""""为参数"如果为假"❶，复制公式❷。

❶ =IF(COUNTIF($B$3:B3, B3)>=2,"重复","")
  逻辑表达式   如果为真 如果为假

🏅实用专业技巧！ **将多列中第2次出现的重复数据显示为"重复"**

我们可以使用COUNTIF函数在多个列中找出重复数据。下图中，当"姓名"和"电话号码"两项都重复时，显示为"重复"。即使同姓同名，如果电话号码不同的话，也不会被显示为"重复"。

=IF(COUNTIFS($B$3:B3, B3, $C$3:C3, C3)>=2,"重复","")

如果"姓名"和"电话号码"两项都重复，则会将第2个及以后的数据显示为"重复"

如果仅"姓名"相同，则不显示为"重复"

24 获取排除重复数据的数据数量和重复数据的数量

计算显示在操作列中的数据的出现次数

作为调查统计和数据分析的一部分，我们有时希望统计重复数据的数量和排除重复数据后的数据数量。本节介绍其操作方法。

下图是研讨会申请人名单，总共输入了10个人的名字，其中一些人同时申请了多个研讨会。例如，"海老泽 忠"先生申请了3个研讨会，因此他在"姓名"列中出现了3次。此外，"三岛 爱"出现2次。如果我们排除这些重复项并计算实际人数，则申请人数为7人。另外，重复申请的人是"海老泽 忠"和"三岛 爱"这2人。

● 获取实际申请人数和重复申请人数

实际申请人数是7	重复申请人数是2

	A	B	C
1	公司内部研讨会申请人名单		
2	No	姓名	研讨会名称
3	❶ 1	海老泽　忠	英语会话
4	❷ 2	饭村　良彦	计算机
5	3	海老泽　忠	计算机
6	❸ 4	三岛　爱	礼仪
7	❹ 5	杉浦　夏子	英语会话
8	❺ 6	野村　由奈	计算机
9	7	海老泽　忠	礼仪
10	❻ 8	小林　秀文	计算机
11	❼ 9	胜　幸太郎	英语会话
12	10	三岛　爱	英语会话
13			
14			

	A	B	C
1	公司内部研讨会申请人名单		
2	No	姓名	研讨会名称
3	1	海老泽　忠	英语会话
4	2	饭村　良彦	计算机
5	❶ 3	海老泽　忠	计算机
6	4	三岛　爱	礼仪
7	5	杉浦　夏子	英语会话
8	6	野村　由奈	计算机
9	7	海老泽　忠	礼仪 ❷
10	8	小林　秀文	计算机
11	9	胜　幸太郎	英语会话
12	10	三岛　爱	英语会话
13			
14			

在准备环节，我们将姓名出现的次数列在操作栏中。例如，**第1次出现"海老泽 忠"时，显示为1，第2次出现时，显示为2，第3次出现时，显示为3**。使用COUNTIF函数计算第1次出现的姓名，即可以求出不重复的实际申请人数。同样，如果计算第2次出现的姓名，会求出重复申请的人数。

● 求实际申请人数和重复申请人数

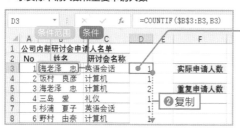

要计算每行的姓名出现多少次，可参考第106页，指定"$B$3:B3"为COUNTIF函数的参数"条件范围"，将B3指定为参数"条件"❶。复制此公式到表的下端❷。

用COUNTIF函数从操作列中计算1的数量，求出实际申请人数❸。同样，计算2的数量求出重复申请人数❹。

如果不小心将条件设置为"2及以上"，则"海老泽 忠"将被计数2次，因此需将条件设置为2，以避免此类重复计数。

❸ =COUNTIF(D3:D12,1)
　　　　　条件范围　条件

❹ =COUNTIF(D3:D12,2)
　　　　　条件范围　条件

格 式　**计算符合条件的数据数量（COUNTIF）**

=COUNTIF(条件范围,条件)
　　　　　　　　　　　　　　　　　　　　　　统计

从"条件范围"中检索符合"条件"的数据，并返回数据的数量。

25 平均值的陷阱：AVERAGE函数并不适用所有平均值计算

扫码看视频

计算算术平均（加法平均）

实际上，统计中存在各种类型的平均值，我们仅通过AVERAGE函数无法看透商业数据的本质，我们必须在正确的地方合理地使用不同类型的平均值。

将数据合计除以数据数量获得一般意义上的"平均值"，称为"算术平均"或"加法平均"，这种平均值可以使用AVERAGE函数来获取。空白单元格或带有字符串的单元格会被忽略，但是0可以作为计算对象。

使用SUM函数对输入了90、60或空白单元格、90、60、"缺席"、90、60、0的单元格求和，结果均为150。但是，如果使用AVERAGE函数计算平均值，在有空白单元格或字符串的情况下，将按照"150÷3＝50"进行计算，会得到不同的结果。注意，如果不了解函数的这个特征将会引发意想不到的错误。

● 求平均分数

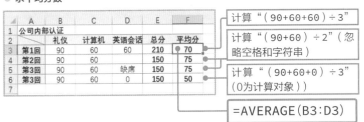

格 式　求平均值（AVERAGE）

=AVERAGE（数值1, [数值2], …）

统计

求"数值"的平均值。可以指定数值、单元格和单元格范围为"数值"。最多可指定255个"数值"。

计算相乘平均（几何平均）

要获取年均的增长率以便预测来年的销售额时，**需要获取平均比率，与其使用相加求和后除以数据的算术平均，不如使用相乘后求根的"相乘平均（几何平均）"。**

使用GEOMEAN函数可轻松计算相乘平均。这里我们要计算销售额的去年同期比的平均值。

● 计算去年同期比的相乘平均

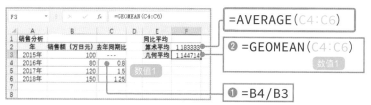

表中我们按"本年销售额÷去年销售额"的公式计算出去年同期比❶。获取去年同期比的平均值，需将去年同期比的单元格范围指定为GEOMEAN函数的参数❷，即可获取"0.8×0.5×1.25"的立方根。

格 式　**获取相乘平均（GEOMEAN）**

=GEOMEAN(数值1, [数值2], …)　　　　　　　　　统计

....

获取"数值"的相乘平均。可以将数值、单元格、单元格范围指定为"数值"。最多可指定255个"数值"。

📝 专栏　　**相乘平均的验证**

示例中，"0.8、1.5、1.25"的相乘平均值约为1.145，算术平均值约为1.185，但如果将首个年度的100万日元分别乘以1.183，也就是"100 x 1.183 x 1.183 x 1.183"来计算的话，得到的2018年销售额为165万日元，该计算结果不符合实际数据。需要注意的是，使用算术平均来预测未来的销售趋势会出现错误。如果使用相乘平均计算的话，也就是用"100×1.145×1.145×1.145"来计算，其结果为150万日元，这个数值才是正确的结果。

另外，用该相乘平均值减去1而获得的值（示例中为14.5%）称为"年平均增长率（CAGR）"，可以用作增长率的指标。

计算加权平均

下图是3家店铺销售某种产品时的零售价和销售数量的汇总。在计算平均零售价时，相加除以3的算术平均无法正确反映现状。这是因为当以低价出售时，销售数量占绝大多数。这时，我们需要计算按销售数量加权的"加权平均"。使用SUMPRODUCT函数获取"价格×销售数量"的总和，然后将其除以销售数量的总和，可得出加权平均。

3个销售店铺的零售价的算术平均为40000。但是，由于以35000的价格出售的赤井电器的销售数量占绝大多数，因此可以说加权平均36000更接近实际的平均值。

● 计算零售价的加权平均值

将单元格范围B3:B5和单元格范围C3:C5指定为SUMPRODUCT函数的参数，可求出"B3*C3+B4*C4+B5*C5"的结果。将其除以用SUM函数获取的销售数量的和，即可得出加权平均。另外，我们使用公式"=（B3*C3+B4*C4+B5*C5）/（C3+C4+C5）"，也可获取与示例中相同的加权平均，但如果数据量很大的话，使用该函数可以轻松创建公式。

格 式　　求各要素积的合计（SUMPRODUCT），求和（SUM）

平均值以外的代表值

平均值作为表示数值数据中心的指标是最常用的代表值。在表达一组数值的特征，例如表示各班的平均分时，使用平均值非常方便。但是，另一方面，平均值有易受离群值影响的缺点。例如，如果5个人的年收入分别是300万、340万、420万、480万、3000万，计算算术平均值的话，结果会变成908万。在极高数值3000万的拉动下，平均年收入会远高于实际感知到的平均值。

除平均值外，还有一个代表值"中位数"。中位数是当数值按大小顺序排列时，位于中间的那个数值，它有不易受离群值影响的特征。上述年收入的中位数的是420万，可以说中位数是更接近实际感觉的代表值。平均值和中位数两者都是很有用的代表值。重要的是，我们要根据数据集合特征正确地使用它们。在Excel中，我们可以使用MEDIAN函数来获取中位数。

● 计算平均值和中位数

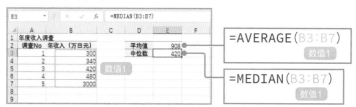

格 式　求平均值（AVERAGE），求中位数（MEDIAN）

=AVERAGE（数值1, [数值2], …）   统计

求"数值"的平均值。可以将数值、单元格、单元格范围指定为"数值"。最多可指定255个"数值"。

=MEDIAN（数值1, [数值2], …）   统计

获取"数值"的中位数（将"数值"按大小顺序排列后位于中间的值）。可以将数值、单元格、单元格范围指定为"数值"。如果"数值"的数量为奇数，则返回位于数值中间的数值，如果"数值"的数量为偶数，则返回位于数值中间的两个数值的平均值。

26

将0和"离群值"除外求平均值

扫码看视频

将0除外求平均值

在求平均值时，我们有时需要从计算对象中排除某个特定的值。使用AVERAGEIF函数可以将指定的值除外计算平均值。

在下图的销售表中，休息日的销售额为0。**计算每个营业日的销售额时，需要使用AVERAGEIF函数计算除0以外的数值的平均值。**

● 计算每个营业日的销售额

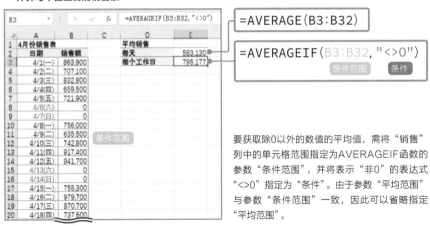

要获取除0以外的数值的平均值，需将"销售"列中的单元格范围指定为AVERAGEIF函数的参数"条件范围"，并将表示"非0"的表达式"<>0"指定为"条件"。由于参数"平均范围"与参数"条件范围"一致，因此可以省略指定"平均范围"。

格 式	获取符合条件的数据的平均值（AVERAGEIF）

=AVERAGEIF(条件范围, 条件, [平均范围])

统计

从"条件范围"中检索符合"条件"的数据，并获取与检索到的数据相对应的"平均范围"的数值的平均值。如果省略了"平均范围"，则"条件范围"的数值会成为计算的对象。

从上下各排除○％的数据计算平均值

使用TRIMMEAN函数，可以指定要排除的数据的比例，然后求剩余数据的平均值。例如，将比例指定为0.2，则可以从最大值中排除10%，从最小值中排除10%的数据。

下图是网站访问次数的记录表。通常的访问次数约为3000，但是被网络新闻介绍之后的几天里，网站的访问次数急剧增加，通过AVERAGE函数计算出的平均值是6000。如果我们使用TRIMMEAN函数从数据的上下分别排除10%的数据并计算平均值的话，结果为3248，而这个数值是更接近实际的值。

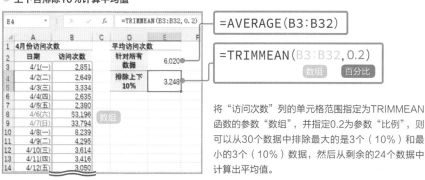

● 上下各排除10%计算平均值

=AVERAGE(B3:B32)

=TRIMMEAN(B3:B32,0.2)

数组　百分比

将"访问次数"列的单元格范围指定为TRIMMEAN函数的参数"数组"，并指定0.2为参数"比例"，则可以从30个数据中排除最大的是3个（10%）和最小的3个（10%）数据，然后从剩余的24个数据中计算出平均值。

格 式　　排除上下数据计算平均值（TRIMMEAN）

=TRIMMEAN(数组,比例)

统计

排除"数组"上下指定比例的数据，求剩余数值的平均值。如果将"比例"指定为0.2，则将排除数组前后各10%的数据。如果被排除的数据数不是整数，则小数点后的数据会被截断。

专栏　　将特定值及其以上的值视为离群值并计算非离群值的平均值

例如，要将"10000及以上"的值作为离群值进行排除，我们可以使用AVERAGEIF函数将表示"不足10000"的表达式"<10000"作为条件来求平均值。

有时在输入了公式的单元格左上角出现一个被称为"错误指示符"的小绿色三角形。当Excel判断某个公式可能不正确时，会出现此标记。这时我们需要检查公式并更正错误。如果没有错误的话，可以将这个符号隐藏。错误指示符仅出现在页面上，打印时不会显示。

● 隐藏错误指示符

尽管出现了错误指示符❶，但是公式中并没有错误，所以想将其隐藏。

选择输入了相同公式的单元格❷，单击出现的"错误检查选项"❸，然后选择"忽略错误"选项❹。

	A	B	C	D	E	F	G
1	按产品和店铺分类的销售数量						
2	产品	单价	大阪店	京都店	神户店	合计	
3	KN201	¥8,000	87	80	71	238	
4	KN202	¥9,000	67	54	53	174	
5	KN203	¥10,000	48	42	40	130	
6							
7							

错误指示符已被隐藏。

数值处理与
绩效管理

Dealing with Numbers and Reviewing Performance

01 排除零数：将折扣金额四舍五入为整数

扫码看视频

金额计算有误的原因是什么？

当我们在计算折扣时，有时得到的结果是小数。**如果将数据设置为"货币显示格式"或"使用千位分隔符"，则可以在得到小数后进行四舍五入，但是实际的单元格的值保持小数不变，这可能会使之后的计算出现问题，因此我们可以利用函数处理小数点后的零数。**

下图的账单明细中，"金额"列的"合计"的数值不符合实际的合计值。仅粗略验算一下个位数字就可发现"2 + 7 + 0"的结果变成了0。由于"金额"列被设定为了"货币显示格式"，因此表面上金额是整数，但是实际上包含了计算折扣时的零数，所以合计的个位数是0。如果取消"货币显示格式"的话，则可以看到隐藏着的零数。

● 零数隐藏在设置了"货币显示格式"的单元格中

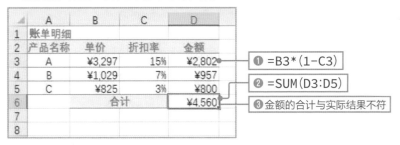

根据"单价"和"折扣率"计算折扣金额❶，用SUM函数求合计❷，合计数据与实际结果不符❸。

解除"货币显示格式"以查看"金额"列中的实际数值。这时选择"金额"列中的单元格范围D3:D6，然后从"开始"选项卡的"数字格式"列表中选择"常规"选项❹。

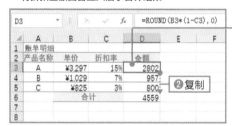

取消货币显示格式后，即显示单元格实际值❺。
如果在"开始"选项卡下设置"货币显示格式"
或设置将数值3位为1组分隔的"使用千位分隔
符"，表面上数值会被四舍五入，但小数实际上
是隐藏着的，隐藏的小数部分也是合计计算的对
象，所以该计算结果与实际结果不符。

使用ROUND函数处理零数

如果开具了有计算错误的账单可能会导致一系列问题，所以我们需要
将合计金额转换为整数。这里我们使用ROUND函数将金额四舍五入。将要
进行四舍五入的数值指定为第1个参数"数值"，将处理的位数指定为第2
个参数"位数"。如果要将"数值"变为整数，则将"位数"指定为0。

● **将折扣金额四舍五入后求合计结果**

将计算折扣金额的公式"B3*(1-C3)"指定为
ROUND函数的参数"数值"，将0指定为"位
数"❶，复制公式❷。

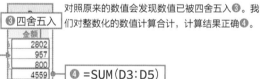

对照原来的数值会发现数值已被四舍五入❸。我
们对整数化的数值计算合计，计算结果正确❹。

格 式　　**将零数四舍五入（ROUND）**

$$=ROUND(数值, 位数)$$

数学

用指定的"位数"将"数值"四舍五入。如果将0指定为"位数"，"数值"的小数点
后的部分会被四舍五入并返回整数。（参数表**p.121**）

02 计算含税金额和不含税金额：向下取整／向上取整

扫码看视频

计算含税金额和不含税金额

通常计算税费时，我们需要将零数取整。相反，从含税金额中获取不含税金额（基本价格）时，应该向上取整。我们可以使用ROUNDDOWN函数向下取整，使用ROUNDUP函数向上取整。

计算含税金额的公式是"不含税金额×（1+税率）"。将此函数指定为ROUNDDOWN函数的参数"数值"，指定0为"位数"，则会截断含税金额的小数点以下的数值，可获取一个整数值。

相反，计算不含税金额的公式是"含税金额÷（1+消费税率）"。将此公式指定为ROUNDUP函数的参数"数值"，将0指定为"位数"，则可以反过来计算不含税的金额。

> 📝 **笔记**
>
> "位数"参数指定的0是向下或向上舍入小数点以下的数值，使"数值"变为整数。

● 向下取整零数计算含税金额，并用获取的含税金额反过来计算不含税金额

C3			ƒx	=ROUNDDOWN(B3*(1+$B$7),0)					
▲	A	B	C	D	E	F	G	H	I
1	账单明细								
2	产品名称	基本价格	含税价格	个数	金额		检算		
3	高压釜	14,830	● 16,016						
4	双手锅	3,810							
5	单手锅	2,670							
6					合计				
7	消费税率	8%		账单金额					
8									

❶ =ROUNDDOWN(B3*(1+$B$7),0)
　　　　　　　　　数值　　位数

通过单元格B3的基本价格和单元格B7的税率来获取含税价格，需要将ROUNDDOWN函数的参数"数值"指定为"B3*(1+$B$7)"，然后指定0为参数"位数"❶。税率单元格B7采用绝对引用（**p.19**），复制公式时不会变化。

复制公式后❷，即计算出各产品的含税价格。

接下来，我们通过含税价格反过来计算基本价格。

将ROUNDUP函数的参数"数值"指定为"C3/(1+$B$7)"，将参数"位数"指定为0❸。复制公式后❹，可求出各产品的基本价格。

❸ =ROUNDUP(C3/(1+$B$7), 0)
　　　　　　　　　数值　　　　位数

格 式　　向下取整零数（ROUNDDOWN），向上取整零数（ROUNDUP）

=ROUNDDOWN（数值, 位数）　　　　　　　　　数学

以指定的"位数"向下取整"数值"。如果将"位数"指定为0，则"数值"的小数点以下会被向下取整并返回整数。

=ROUNDUP（数值, 位数）　　　　　　　　　数学

以指定的"位数"向上取整"数值"。如果将"位数"指定为0，则"数值"后的小数点以下的数值会被向上取整并返回整数。

● ROUND、ROUNDDOWN、ROUNDUP函数和参数"位数"

功能	函数的使用示例	参数"位数"的值和返回值				
		-2	-1	0	1	2
四舍五入	ROUND(1234.567, 位数)	1200	1230	1235	1234.6	1234.57
向下取整	ROUNDDOWN(1234.567, 位数)	1200	1230	1234	1234.5	1234.56
向上取整	ROUNDUP(1234.567, 位数)	1300	1240	1235	1234.6	1234.57
处理对象的位数		十位	个位	小数点后1位	小数点后2位	小数点后3位

以100元为单位取整

"将不足100元的金额舍去，求整百的金额"时，使用ROUNDDOWN函数也很方便。要舍去不足100元的值，需要将参数"位数"指定为-2。例如，从25896舍去不足100元的金额，金额会变成25800。

● 舍去不满100元的部分计算100元为单位的账单金额

=ROUNDDOWN(E6, -2)

将单元格E6中合计金额不足100元的金额舍去，剩余的部分作为账单金额。为此，我们将单元格E6指定为ROUNDDOWN函数的参数"数值"，并将-2指定为"位数"。

ROUND函数、ROUNDDOWN函数、ROUNDUP函数都是通过将第2个参数"位数"指定为负数，实现"以10为单位""以100为单位"将数值取整。另外，如果指定为正数，则可以舍入小数部分。这3个函数具有相同的参数和用法，因此可以放在一起记忆。

● ROUNDDOWN函数的参数"位数"和返回值之间的关系

以上是ROUNDDOWN函数的示例，ROUND函数和ROUNDUP函数也具有相同的参数的指定方法

使用INT函数可以舍去小数部分

Excel中的**INT函数可将参数"数值"中指定的数值的小数部分舍去，使数值变为整数。**由于不必指定位数，因此当我们只想舍去数值的小数部分时，使用该函数比ROUNDDOWN函数更简单。下图即使用INT函数计算含税价格。

● 舍去零数计算含税金额

=INT(B3*(1+$B$7))

数值

如果将INT函数的参数"数值"指定为"单价×(1+消费税率)"，则可以获取整数的含税价格。

格 式　　舍去小数部分（INT）

=INT(数值)

数学

返回小于或等于"数值"且最接近"数值"的整数。如果"数值"为正数，则返回舍去了小数部分的数值。

专栏　　**注意负数的处理**

使用ROUNDDOWN函数或INT函数将"数值"变为整数时，需要注意的一点是，如果"数值"为正数，则两个函数返回值相同，如果数值为负数，则两个函数返回值不同。ROUNDDOWN函数仅删除小数部分，返回剩余的整数部分。INT函数是按数值变小的方向处理的。

=ROUNDDOWN(2.6,0)	→	返回值为2
=INT(2.6)	→	返回值为2

如果"数值"为正数，则返回值相同

=ROUNDDOWN(-2.6,0)	→	返回值为-2
=INT(-2.6)	→	返回值为-3

如果"数值"为负数，则返回值不同

03 以500元或1打为单位 向下舍入／向上舍入

扫码看视频

规整"数值"以使其成为"基准值"的倍数

有时我们需要将数值变为较整的数值，如果要将数据处理成"以10为单位""以100为单位""以1000为单位"，则可以使用ROUND类的函数进行处理，**但是要转换为"以12为单位""以500为单位"等，则要使用FLOOR.MATH函数或CEILING.MATH函数、MROUND函数。**

我们可以使用FLOOR.MATH函数将"数值"向下舍入为指定"基准值"的倍数。例如，将500指定为"基准值"，则所有的返回值都是500的倍数。如果"数值"为780，则返回值为500，如果为1140，则返回值为1000。

同样，使用CEILING.MATH函数可以将"数值"向上舍入为"基准值"的倍数。另外，使用MROUND函数可以向下舍入或向上舍入为最接近"基准值"的倍数。

● FLOOR.MATH函数在地板侧，CEILING.MATH函数在天花板侧

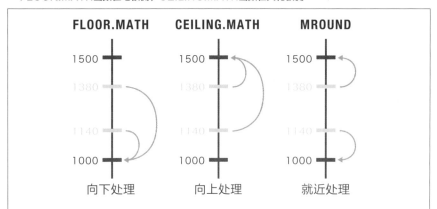

124

以500元为单位计算新标价

下面我们尝试使用FLOOR.MATH函数。这里我们计算在旧价格的基础上增加一成的值，并且将小于500元的部分舍去。将参数"数值"指定为增加了一成后的值，将参数"基准值"指定为500。

● 以500元为单位计算新标价

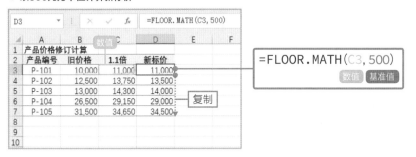

格 式　　向下舍入、向上舍入或规整到指定单位

=FLOOR.MATH(数值, [基准值], [模式])　　数学

将"数值"舍入到"基准值"的最近的倍数。如果省略"基准值"，则计算1的倍数。如果将"模式"指定为0或省略，则"数值"会向变小的方向处理。如果指定为非0数值，则向"数值"绝对值减小的方向处理。

=CEILING.MATH(数值, [基准值], [模式])　　数学

将"数值"舍入到"基准值"的最接近倍数。如果省略"基准值"，则计算1的倍数。如果将"模式"指定为0或省略，则"数值"会向增大的方向处理。如果指定为非0数值，则向"数值"的绝对值增大的方向处理。

=MROUND(数值, 基准值)　　数学

将"数值"规整为"基准值"的倍数。如果"数值"除以"基准值"的余数部分小于"基准值"的一半，则将其向下舍入，如果大于或等于其一半，则将其向上舍入。

获取成箱购买产品的订单数

如果订购的产品是每箱12个，那么订购的数量将是12的倍数。在获取此类成箱购买产品的订购数量时，CEILING.MATH函数、FLOOR.MATH函数、MROUND函数可以有效发挥作用。

如果要确保数量足够，即使多出来一些也没关系的话，可以使用CEILING.MATH函数来获取订购数量。例如，需要28个产品，那么订购数量就是28个以上并且最接近28的12的倍数，即36个（3箱）。这样的实际订购数量会比所需求的数量多出8个。

● 即使多出一些也要确保所需的数量

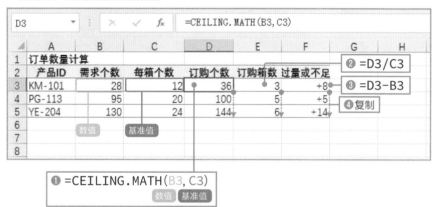

将CEILING.MATH函数的参数"数值"指定为需求个数，将参数"基准值"指定为每箱个数，求出订购个数❶。将获取的订购个数除以每箱的数量即可得到订购箱数❷。从订购个数中减去需求个数即可计算出多订购的个数❸。复制公式❹，求出各产品的订购个数。

📑 专栏　　注意与Excel 2010的共享文件

FLOOR.MATH函数和CEILING.MATH函数是Excel 2013中新增加的函数。若文件要用于Excel 2010软件，则要使用兼容性函数FLOOR函数（格式：= FLOOR(数值,基准值)）和CEILING函数（格式：= CEILING(数值,基准值)）。
例如，使用CEILING函数的话，公式"= CEILING.MATH(B3,C3)"变为"= CEILING(B3,C3)"。
本书支持的Excel版本是Excel 2013及其更高版本。

如果要尽可能多地成箱购买，不足一箱的产品单独购买，则可以使用 FLOOR.MATH函数获取订购数量。例如，需要28个产品时，订购的数量是28个以下且最接近28的12的倍数，即24个（2箱）。额外的4个产品单独购买。

● 尽可能成箱购买，不足一箱部分单独购买

将FLOOR.MATH函数的参数"数值"指定为需求个数，并将参数"基准值"指定为每箱个数，获取订购个数。后续步骤和公式与CEILING.MATH函数相同。

使用MROUND函数可自动调整订单数量，以最大限度减少成箱购买时产生的过量或不足。例如，需要28个产品，多量订购时，订单数量将为3箱36个，多出的数量为8。少量订购时，订购数量为2箱24个，不足数量为-4。比较多出的8和不足的-4后可以发现，我们可以通过购买2箱24个来控制过量或不足的数量，因此MROUND函数的结果为后者24。不足的4个可调整到下次订单来订购。

● 购买时尽量减少过量和不足

将MROUND函数的参数"数值"指定为需求个数，将参数"基准值"指定为每箱个数，以获取订购个数。后续步骤和公式与CLILING.MATH函数相同。

04 根据行和列的方向自动分配序列号

扫码看视频

使用ROW函数和COLUMN函数轻松创建序列号

Excel中有用于查找单元格行号的ROW函数和用于查找列号的COLUMN函数，它们在创建序列号时非常重要。

ROW函数是返回单元格的行号的函数。在单元格中输入公式"= ROW(A1)"后，单元格A1的行号1会被返回。向下复制此公式，参数会依次变为A1、A2、A3、A4……作为返回值的行号也会变为1、2、3、4……同样，如果向右复制返回列号的COLUMN函数公式"=COLUMN(A1)"，则显示以1开头的水平序列号。

我们可以使用"ROW(A1)"创建垂直序列号，使用"COLUMN(A1)"创建水平序列号。将序列号指定为函数的参数时，通常会用到这种方法创建序列号，因此一定要记住这两个函数。

● 使用ROW函数获取垂直序列号，使用COLUMN函数获取水平序列号

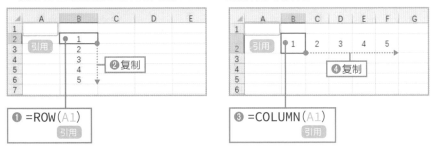

输入公式"= ROW(A1)"❶，向下复制，显示垂直序列号❷。另外，输入"= COLUMN(A1)"❸，向右复制，可以显示水平序列号❹。

创建序列号，以防止删除和移动行

以上介绍的创建序列号的方法很容易，但是在删除行或列时，参数有可能会丢失引用目标而出现错误。另外，移动行或列时，序列号也会发生

改变。在经常需要移动或删除数据的表中使用这些函数的话，必须时常修改更新公式，会很麻烦。

在需要经常移动或删除行的表中，我们可以创建公式"＝ROW()–第1个单元格的行数+1"。例如，要从单元格A4开始向下分配连续的序列号，则可以在单元格A4中输入公式"＝ROW()–4+1"，也就是公式"＝ROW()–3"。如果省略参数的话，ROW函数将返回当前单元格的行号，"ROW()"的返回值依次为4、5、6、7……返回值减去3，可以得到一串从1开始的序列号。由于未在ROW函数的参数中指定单元格引用，因此即便删除或移动行，也不会出现错误，并且系统会自动重新分配序列号。**垂直方向上的序列号可通过输入公式"＝COLUMN()–第一个单元格的列号+1"得到。**

第 3 章　数值处理与绩效管理

● **使系统自动重新分配序列号**

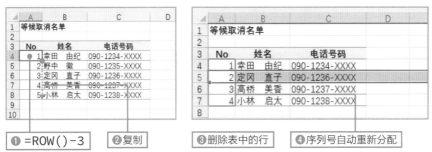

● =ROW()–3　　❷复制　　❸删除表中的行　　❹序列号自动重新分配

输入公式"＝ROW()–3"❶，复制公式❷。如果删除表中的行❸，序列号将重新分配❹。

格 式　获取行号（ROW），获取列号（COLUMN）

=ROW([引用])　　　　　　　　　　　　　　　　　　检索

获取指定为"引用"的单元格的行号。如果省略了"引用"，则可获取输入公式的单元格的行号。

=COLUMN([引用])　　　　　　　　　　　　　　　　检索

获取指定为"引用"的单元格的列号的数值。如果省略了"引用"，则可获取输入公式的单元格的列号的数值。

05 自动创建字母或带圆圈数字等连续编号

扫码看视频

字符代码和字符之间的关系

PC上可使用的字符均已分配了字符代码。我们可以使用CODE函数获取字符的字符代码。相反，可以使用CHAR函数通过字符代码获取相应的字符。

当单元格A1的值为A时，公式"=CODE(A1)"的返回值为A的字符代码65。如果在单元格中手动输入A、B、C……并使用CODE函数查找字符代码，则可以看到一串连续的序列号65、66、67……另外，如果单元格A1的值为65，则公式"=CHAR(A1)"的返回值为字母A。在单元格中手动输入65、66、67……并使用CHAR函数显示字符，即显示为A、B、C……的连续数据。

● CODE函数和CHAR函数的操作

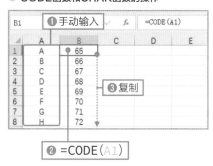 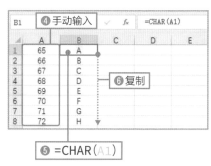

在A列中输入A、B、C……❶，在B列中输入CODE函数❷并复制公式❸，显示字母的字符代码65、66、67……被显示出来。在A列中输入65、66、67……❹，在B列中输入CHAR函数❺，复制公式，显示A、B、C……❻。

显示字母或带圆圈数字的连续数据

要自动创建连续数据A、B、C等，可利用ROW函数生成连续数据65、66、67等，并将其指定为CHAR函数的参数"数值"。"CODE("A")"的返回值是A的字符代码65，"ROW(A1)"的返回值是单元格A1的行号1，如果将CHAR函数的参数指定为"CODE("A")+ROW(A1)-1"，则会变为"CHAR(65 + 1-1)"，可显示为A。如果使用自动填充向下复制公式，则参数会变为"65+2-1=67"，从而显示连续数据。

　　将CODE函数的参数的A部分变为"①"或1，可以创建连续数据，例如带圆圈数字或罗马数字。

● 创建字母和带圆圈数字的连续数据

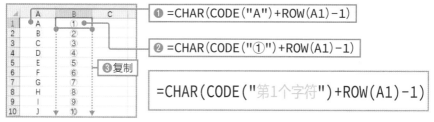

如果将上面公式的"第1个字符"部分指定为A，则可以创建A~Z的连续数据❶，如果指定为"①"，则可以创建①~⑳的连续数据❷。无论哪种情况，只需在第1个单元格中输入公式，然后使用自动填充将其向下复制❸。

格 式　　将字符代码变为字符（CHAR），将字符变为字符代码（CODE），其他

06 随机排列1到指定大小的数值

扫码看视频

随机不重复地排列1到10

决定名单中的哪位是优胜者的时候，可能需要为每个数据分配一个不重复的随机数（任意的数值）。本节我们介绍一种排列从1到指定数值的随机数的方法。

下面在单元格范围D3:D12内随机排列数值1～10。首先需要在第1个单元格D3中显示第1个数值。使用RANDBETWEEN函数可以从指定的数值范围内随机显示一个数值。

● 使用RANDBETWEEN函数显示1～10中的任意一个数值

D3		× ✓ fx	=RANDBETWEEN(1,10)		
	A	B	C	D	E
1	会员名单				
2	会员ID	姓名	电话号码		
3	K001	望月 利平	0280-43-3827	5	
4	K002	西山 数子	023-715-8449		
5	K003	大和田 光枝	0465-17-3346		
6	K004	外山 雄二	0749-6-4439		
7	K005	黑泽 恒雄	0174-2-6521		
8	K006	内田 樱花	076-024-1359		

要显示1～10中的任意一个数值，需将RANDBETWEEN函数的参数"最小值"指定为1，将"最大值"指定为10。尽管左图显示为5，但每次在工作表中输入公式时，都会在1～10中随机变化。

=RANDBETWEEN(1, 10)

最小值 最大值

显示后续的随机数且不与之前的随机数重复

为显示不重复的随机数，我们必须从之前未显示的数值中选择数值。在第1个单元格中显示任意随机数后，将第1个单元格的单元格编号和随机数的最大值放入到下面公式中的红色部分，然后将其作为数组公式输入到第2个及之后的单元格中，这样即可显示不重复的随机数。

```
=LARGE(IF(COUNTIF($D$3:D3,ROW($A$1:$A$10))
=0,ROW($A$1:$A$10)),RANDBETWEEN(1,10-ROW(A1)))
```

● 显示后续的随机数

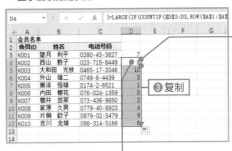

❷ 按下 [Ctrl] + [Shift] + [Enter] 键

在第2个单元格中输入公式❶，然后按 [Ctrl] + [Shift] + [Enter] 键❷，该公式被括在大括号 "{}" 中，作为数组公式输入。复制此公式❸，则 1～10 会随机排列。按 [F9] 键，公式会重新计算，数值发生变化。我们可以将按 [F9] 键后出现 1的人作为优胜者。

❶ =LARGE(IF(COUNTIF($D$3:D3, ROW($A$1:$A$10))
=0, ROW($A$1:$A$10)), RANDBETWEEN(1, 10-ROW(A1)))

格 式　　**本例使用的函数**

=LARGE(数组, 顺序)　　　　　　　　　　　　　　统计

返回指定数值中最大值开始的 "顺序" 号的数值到 "数组" 中。

=IF(逻辑表达式, [如果为真], [如果为假])　　　　逻辑

如果 "逻辑表达式" 为TRUE（真），则返回 "如果为真" 的值，如果为FALSE（假），则返回 "如果为假" 的值。

=COUNTIF(条件范围, 条件)　　　　　　　　　　统计

从 "条件范围" 中检索符合 "条件" 的数据并返回数据的数量。

=ROW([引用])　　　　　　　　　　　　　　　　检索

获取指定为 "引用" 的单元格的行号。如果省略了 "引用"，则可获得输入公式的单元格的行号。

=RANDBETWEEN(最小值, 最大值)　　　　　　　数学

返回大于等于 "最小值" 且小于等于 "最大值" 的整数的随机数。易变函数。

第3章　数值处理与绩效管理

133

07　按数值的大小顺序排序

扫码看视频

按得分的高低顺序排序

使用RANK.EQ函数可实现按数值的降序或升序排序。当需要计算分数顺序或销售业绩顺序时，使用该函数非常方便。

RANK.EQ函数有"数值""引用""顺序"这3个参数，可以在"引用"的单元格范围内求出"数值"位于第几位。要获取降序（由大至小）的顺序，需将第3个参数"顺序"指定为0或将其省略。要获取升序（由小至大）顺序，需要将其指定为1。

下图计算"合计"列中数值的降序顺序。指定"引用"为绝对引用（p.19），以便在复制公式时"引用"的单元格范围不变，这是正确获取总体排名的关键。

● 获取分数排序

| F3 | fx | =RANK.EQ(E3, $E$3:$E$10) |

	A	B	C	D	E	F	G	H
1	成绩表							
2	No	姓名	笔记	实技	合计	名次		
3	1	青木　贞行	59	76	135	6		
4	2	小田　京子	91	88	179			
5	3	木下　和树	70	100	170			
6	4	佐藤　升	45	57	102			
7	5	橘　弥生	87	88	175			
8	6	中西　亮	98	72	170			
9	7	布川　祐辅	60	78	138			
10	8	山本　美香	68	45	113			
11								

数值

引用

❶ =RANK.EQ(E3, $E$3:$E$10)
数值　　引用

首先获取第1个人的名次。将RANK.EQ函数的第1个参数"数值"指定为第1个人的得分合计单元格E3。用绝对引用将第2个参数"参照"指定为整个"合计"列的单元格范围E3:E10。由于是求降序的排名，因此可以省略第3个参数"顺序"。得出"135分"整体排名第6❶。

134

	A	B	C	D	E	F	G	H	I
1	成绩表								
2	No	姓名	笔记	实技	合计	名次			
3	1	青木 贞行	59	76	135	6			
4	2	小田 京子	91	88	179	1			
5	3	木下 和树	70	100	170	3			
6	4	佐藤 升	45	57	102	8			
7	5	橋 弥生	87	88	175	2			
8	6	中西 亮	98	72	170	3			
9	7	布川 祐辅	60	78	138	5			
10	8	山本 美香	68	45	113	7			
11									
12									

❷将公式复制
至表格底部

如果将第1个单元格中的公式复制到表格的底部❷，则会显示所有人员的排名。分数相同名次也会相同。第3名有两个人，所以没有第4名。

由于有两个第3名，所以没有第4名

格 式　　**获取顺序（RANK.EQ）**

=RANK.EQ（数值,引用,［顺序］）

`统计`

··

获取"引用"单元格范围中的"数值"的排序。如果将"顺序"指定为0或省略，则会获取降序排名；如果指定为1，则会获取升序排名。

✍ 专栏　　**获取升序排名**

高尔夫的成绩和马拉松的时间等需要按升序对数值进行排序，将RANK.EQ函数的第3个参数"顺序"指定为1。右图中求的是净得分的升序排名。

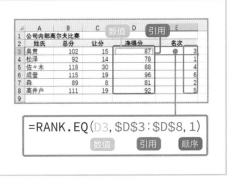

=RANK.EQ（D3, $D$3 : $D$8, 1）

数值　　引用　　顺序

08 相同的数值按另一列中数值排序

扫码看视频

优先考虑总分数并考虑实技分数进行排名

使用RANK.EQ函数排序时，相同的分数的排名也相同，这里向大家介绍一种**根据其他列中的数值对相同的分数进行排名的方法**。

使用下图所示的成绩表，以总分为基准进行排名。如果总分相同，那么实技分数高的排名在前。这时，**需要改变数值位数，将优先级高的数值和优先级低的数值组合在一起**。

在此示例中，我们要求出"总分×1000+实技分数"到操作列，并将求出的结果作为基准分，使用RANK.EQ函数进行排名。例如，总分是135，实技分数是76，则基准得分是135076。总分数位于前3位，而实技分数位于后3位，因此，只有得分相同时，实技分数才会对排名产生影响。如果总分和实技分数都相同，那么排名也将相同。

● 以"总分×1000+实技分数"为基准进行排名

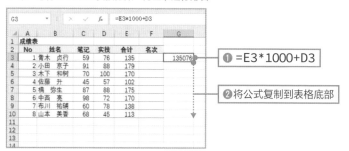

❶ =E3*1000+D3

❷将公式复制到表格底部

总分都是170，但是添加实技得分后，将分别变成两个不同得数值170100和170072

在操作列的第1个单元格中获取"总分×1000+实技得分"❶，然后复制公式❷。有两人的总成绩相同，都为170，但实技分数为100的基准值显示为170100，实技分数为72的基准值显示为170072。

获取第1个人的排名。将RANK.EQ函数的第1个参数"数值"指定为操作列求得的基准值单元格G3。将第2个参数"引用"以绝对引用（**p.19**）形式指定为操作列的单元格范围G3:G10❸。当出现第1个人的排名后，复制公式以显示所有人的排名❹。

❸ =RANK.EQ(G3, $G$3:$G$10)

在总分相同的两人中，实技分数高的排名第3，而实技分数低的则排名第4❺。

❺总分相同时，实技分数越高排名越靠前

格式 **获取顺序（RANK.EQ）**

=RANK.EQ(数值,引用,[顺序]) 统计

....

获取"数值"在"引用"的单元格范围中位于第几位。如果将"顺序"指定为0或省略，则可以获取降序排名；如果指定为1，则可获取升序排名。

专栏 **若数值的位数很多**

Excel可以处理的数值的有效位数为15位。如果将需要排名的数值组合后超过了15位，则先获取每列的升序，将得到的顺序变化位数组合起来，然后以此为基准进行降序排列即可。

137

09　相同的数值按行号排序

扫码看视频

计算重复次数并对所有行排出不同名次

使用RANK.EQ函数进行排序时，数值相同排序也会相同，这里我们介绍一种对所有数据排出不同名次的方法，该方法是在数值相同时，将较早出现的数值排到前面。

在下表中，我们对年度购买金额进行由高到低排序。但是，当年度购买金额相同时，最先出现的金额将排名在前。我们可以使用RANK.EQ函数获取一个暂定排序，并将数值的重复次数添加到当前行。重复次数可以通过COUNTIF函数从当前行数值出现的次数减1来获取。下图中，3位客户的年度购买金额为12万，将这3人的重复次数用0、1、2来表示，然后将重复次数加上暂定顺序，则将获取3个客户的不同名次。

● **添加重复次数，利用暂定顺序获取最终顺序**

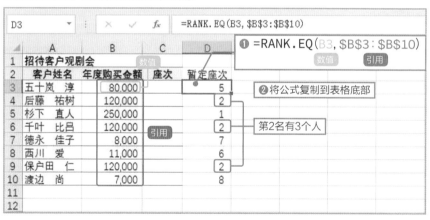

在操作列的第1个单元格中，根据年度购买金额求出暂定顺序。将RANK.EQ函数的参数"数值"指定为第1个人的年度购买金额单元格B3，将参数"引用"以绝对引用（**p.19**）形式指定为"年度购买金额"列的单元格范围B3:B10❶。复制此公式❷，获取暂定顺序，可以看到第2名有3个人。

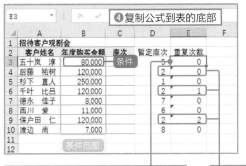

接下来计算重复次数。使用COUNTIF函数对从B3到当前行的数据中和当前行的年度购买金额相同的数据个数进行计算，然后减去1。

如果将参数"条件范围"的起点单元格B3指定为绝对引用，将终点单元格B3指定为相对引用，则复制公式后，单元格范围可逐行增加❸。复制该公式❹，显示重复次数。第2名有3个人，第1个人显示为0，第2个人显示为1，第2个人显示为2。

❸ =COUNTIF($B$3:B3, B3)-1
　条件范围　条件

获取重复次数

❺ =D3+E3

❻公式复制到表格底部

将重复次数加入到暂定顺序❺，复制公式❻，各行有了不同的顺序号。三个第2名分别变成了第2、第3、第4。如果想不使用操作列而用一个公式获取顺序的话，可以参照❼创建公式。

❼ =RANK.EQ(B3, $B$3:$B$10)+COUNTIF($B$3:B3, B3)-1

格式　　为数据排序（RANK.EQ），计算符合条件的数据个数（COUNTIF）

=RANK.EQ(数值, 引用, [顺序])　　统计

………………………………………………………………………………………

获取"引用"单元格区域中的"数值"在第几位。如果将"顺序"指定为0或省略，则可获取降序排列；如果指定为1，则可获取升序排列。

=COUNTIF(条件范围, 条件)　　统计

………………………………………………………………………………………

从"条件范围"中检索符合"条件"的数据并返回数据的数量。

10 仅对自动筛选出的行 进行排序

扫码看视频

仅对筛选出的行进行排名

在筛选出数据后，我们可以组合使用RANK.EQ函数和SUBTOTAL函数对筛选的结果再次排序。

这里我们按降序排列营业成绩表中的合同数。当使用SUBTOTAL函数对单元格C3进行计数时，正常的返回值为单元格C3的数据数1。但是，如果在执行自动筛选时包含单元格C3的行折叠，SUBTOTAL函数不会对折叠后的单元格进行计数，所以返回值会变为0。也就是说，如果SUBTOTAL函数的返回值是1，则单元格C3为筛选出的数据，如果返回值是0，则可以确定单元格C3已被折叠。

使用IF函数，当SUBTOTAL函数的返回值为1时，将合同数显示在操作列中，否则，操作列中显示空白。在操作列中仅显示筛选出的合同数，因此，基于操作列中合同数进行排名，则只对筛选结果进行排序。

格 式 **本例使用的函数**

=IF(逻辑表达式, [如果为真], [如果为假])   『逻辑』

当"逻辑表达式"为TRUE（真）时，返回"如果为真"的值，为FALSE（假）时，返回"如果为假"的值。

=SUBTOTAL(汇总方法, 引用1, [引用2], …)   『数学』

使用在"汇总方法"中指定的方法汇总"引用"的数据。最多可指定254个"引用"。
（参数表p.92）

=RANK.EQ(数值, 引用, [顺序])   『统计』

获取"引用"的单元格范围中的"数值"位于第几位。如果将"顺序"指定为0或省略，可获取降序排名，如果指定为1，可获取升序排名。

● 仅在筛选出的行中显示合同数并获取排名

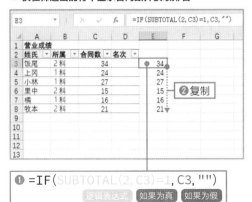

首先在未执行筛选操作的情况下输入公式。将SUBTOTAL函数的第1个参数"汇总方法"中指定为2，将第2个参数"引用"指定为单元格C3，可计算单元格C3的数值。

在操作列的单元格E3中输入IF函数，当SUBTOTAL函数的返回值为1时，则显示单元格C3的合同数，如果不是1，则不显示任何内容❶。复制公式后，合同数将显示在操作列的所有单元格中❷。

❶ =IF(SUBTOTAL(2, C3)=1, C3, "")
　　　　逻辑表达式　　如果为真　如果为假

❺所有数据排名已显示出来

接下来，基于操作列中的数值获取排名。将第1行的单元格E3指定为RANK.EQ函数的参数"数值"，将操作列中的单元格E3:E8以绝对引用（p.19）形式指定为参数"引用"❸。复制该公式❹，可以获取排名❺。

❸ =RANK.EQ(E3, $E$3:$E$8)　　❹复制公式
　　　　　 数值　　 引用

❻用自动筛选器提取"1科"　　　❼显示"1科"排序

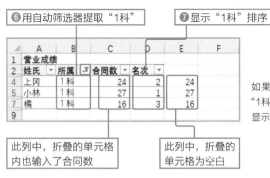

如果单击"所属"单元格的▼按钮，选择"1科"，1科"的数据即被筛选出来❻，此时显示"1科"的排序❼。

此列中，折叠的单元格内也输入了合同数

此列中，折叠的单元格为空白

11 —— 查找前5名和后5名的数值

扫码看视频

查找前5名和后5名的销售数量

在表中，我们可以使用LARGE函数查找从最大的数值开始的第○位的数值，使用SMALL函数查找从最小的数值开始的第○位的数值。

LARGE函数和SMALL函数是从参数"数组"中，以参数"顺序"指定的顺序查找数值的函数。使用LARGE函数获取降序排名，使用SMALL函数获取升序排名。

要查找下图这类的表中前5名和后5名的销售数量，要为"数组"参数指定"销售数量"列中单元格范围，并将1～5指定为第2个参数"顺序"。需要注意是，在第134页介绍的RANK.EQ函数会将相同的数值视为相同排名，但是，LARGE函数和SMALL函数会将它们视为不同的排名。

● 查找前5位和后5位的销售数量数据

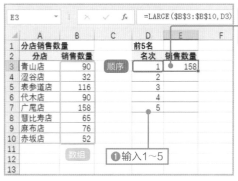

❷ =LARGE($B$3:$B$10, D3)

数组　顺序

在"前5名"表的"名次"栏中输入数值1～5❶。要获取"第1名"的销售数量，需将LARGE函数的第1个参数"数组"指定为绝对引用（p.19）的"销售数量"栏单元格范围B3:B10，指定第2个参数为"名次"列第1个单元格D3❷。然后，获取"销售数量"列中的最大值。

142

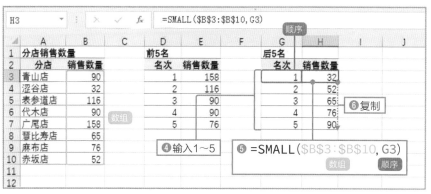

复制公式，即显示每个名次对应的销售数量❸。在单元格范围B3:B10内有两个90，但是，一个为第3名，另一个为第4名。

在"后5名"表的"名次"列中输入1～5❹。要获取"第1名"的数据，需将SMALL函数的第1个参数"数组"指定为绝对引用形式的"销售金额"栏单元格范围B3:B10，并将"名次"列的第1个单元格G3指定为第2个参数❺。然后，可获取"销售数量"列的最小值。复制此公式❻。

📝 笔记

由于销售数量越高，评价越高，所以我们使用LARGE函数获取最大值，使用SMALL函数获取最小值，但是，在数值越小则评价越高的情况下，我们可以使用SMALL函数获取最大值，使用LARGE函数获取最小值。

格式　　获取从大数值/小数值开始的第○个数值（LARGE/SMALL）

=LARGE（数组, 顺序）　　　　　　　　　　统计

在"数组"的数值中，从大数值开始返回到"顺序"号的数值。

=SMALL（数组, 顺序）　　　　　　　　　　统计

在"数组"的数值中，从小数值开始返回到"顺序"号的数值。

143

12 创建前3名的排名表

扫码看视频

创建一个这样的排名表

在分店销售表中，创建一个显示店铺名称的排名前3名的名次表。如果截止到第3名有超过3个店铺的话，则显示所有前3名店铺。

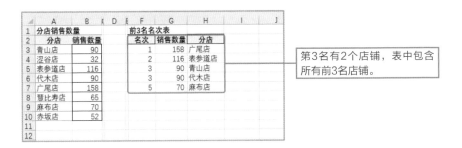

第3名有2个店铺，表中包含所有前3名店铺。

创建前5名店铺的名次表

为了防止出现相同的名次，我们首先为前5名店铺创建名次表。可以根据数据数量或数据的性质来决定实际创建前几名次表。

● 创建前5名的店铺的名次表

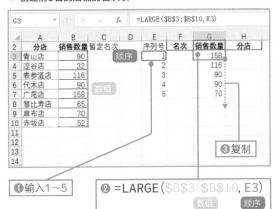

在操作列中输入序列号1~5❶。用绝对引用（**p.19**）指定"销售数量"列的单元格范围B3:B10为LARGE函数的第1个参数"数组"，指定操作列的第1个单元格E3为第2个参数"顺序"❷。复制公式❸，获取前5个店铺的销售数量。可以看到有两个销售数量为90的店铺。

❶输入1~5

❷ =LARGE($B$3:$B$10, E3)

数组　　顺序

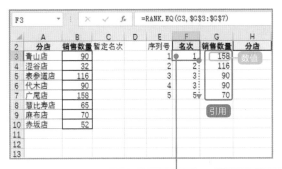

可以根据"前3名名次表"的"销售数量"求出排名。指定"销售数量"的第1个单元格G3为RANK.EQ函数的参数"数值"，将全部"销售数量"的单元格范围G3:G7指定为参数"引用"❹。复制公式❺，即显示排名。第3名有2家店铺。

❹ =RANK.EQ(G3, $G$3:$G$7)

❺将公式复制到表的底部

作为选择分店的准备，我们需为B列的销售数量确定不同的名次❻。复制公式❼。公式请参照第138页。"销售数量"是90的店铺有两个，但它们被分配了不同的排名，青山店为3，代木店为4。

❻ =RANK.EQ(B3, $B$3:$B$10)+COUNTIF($B$3:B3, B3)-1

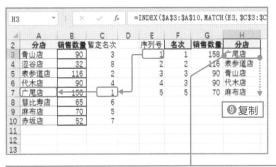

使用INDEX函数和MATCH函数按照序列号1→暂定名次1→"广尾店"的顺序来搜索分店名称❽，公式请参照第198页。复制公式❾，完成前5家店铺的名次表的创建。

❽ =INDEX($A$3:$A$10, MATCH(E3, $C$3:$C$10, 0))

使用条件格式突出显示前3名

下面使用"条件格式"突出显示前5名名次表中的前3名。首先，将字体颜色设置为白色，使数据不显示，然后设置条件格式规则，将字体颜色和边框应用到满足"名次为3或以下"的条件行中。

● **使用条件格式显示前3名**

选中F3:H7单元格范围❶，在"开始"选项卡中选择"字体颜色"列表中的白色❷。此处文字变为白色不可见。单击"条件格式"按钮，选择"新建规则"选项❸❹。

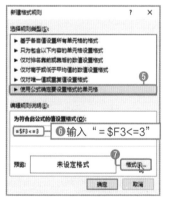

在弹出的对话框中，选择"使用公式确定要设置格式的单元格"❺，输入公式"=$F3<=3"❻。此公式是"F列中单元格的值等于或小于3"的条件表达式，用仅固定列的复合引用（p.22）来指定。

接下来，设置满足该条件时的格式。单击"格式"按钮❼。

弹出"设置单元格格式"对话框，从"字体"选项卡的"颜色"中选择"黑色"❽，单击"边框"选项卡的"外边框"❾。单击"确定"按钮❿。再一次单击"确定"按钮返回上一对话框。

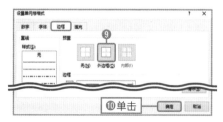

分店销售数量			前3名名次表		
分店	销售数量		名次	销售数量	分店
青山店	90		1	158	广尾店
涩谷店	32		2	116	表参道店
表参道店	116		3	90	青山店
代木店	90		3	90	代木店
广尾店	158				
蠁比寿店	65				
麻布店	70				
赤坂店	52				

⑪

分店销售数量			前3名名次表		
分店	销售数量		名次	销售数量	分店
青山店	50		1	158	广尾店
涩谷店	32		2	116	表参道店
表参道店	116		3	90	代木店
代木店	90				
广尾店	158				
蠁比寿店	65				
麻布店	70				
赤坂店	52				

⑫

此时即显示前3名，第4名及之后的数据被隐藏⑪。我们可以测试一下，将单元格B3的90改为50，则第3名会变成1家店铺，并且名次表的行数会自动发生变化⑫。

格式 **本例使用的函数**

=LARGE(数组, 顺序) 　统计

在"数组"的数值中，从大数值开始返回到"顺序"号的数值。

=RANK.EQ(数值, 引用, [顺序]) 　统计

获取"引用"单元格范围中的"数值"位于第几位。如果将"顺序"指定为0或省略，可获取降序排名，如果指定为1，可获取升序排名。

=COUNTIF(条件范围, 条件) 　统计

从"条件范围"中检索符合"条件"的数据并返回数据的个数。

=INDEX(引用, 行号, [列号], [区域编号]) 　搜索

返回"引用"中用"行号"和"列号"指定的位置的单元格引用。如果"引用"是1行或1列，则可省略"列号"。将0指定为"行号"或"列号"，会返回整个列或行的引用。"区域编号"用于指定当将多个单元格范围，例如"（A1:C3,A5:C6）"指定为"引用"时，将第几个区域作为检索对象。

=MATCH(检验值, 检验范围, [匹配类型]) 　检索

查找"检查值"位于"检查范围"的第几位。以完全匹配进行检索的话，需要将"匹配类型"指定为0。（参数表p.333）

每当Excel版本更新时都会添加一些新的函数。本章介绍的FLOOR.MATH和CEILING.MATH函数是Excel 2013中新添加的函数。

如果在较低版本的Excel中打开包含新函数的文件，会因无法重新计算而产生错误。在共享Excel文件时，有必要确认对方所用的Excel版本，如果对方的版本为旧版本的话，则有必要尽量避免新函数。

如果担心文件中包含新函数，可以通过以下操作进行"兼容性检查"，查看在较低版本中打开文件时会产生哪些问题。

● **进行"兼容性检查"**

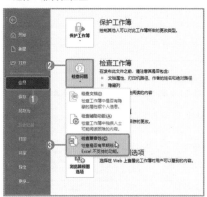

打开要检查函数兼容性的文件，单击"文件"选项卡中"信息"选项❶，单击"检查问题"按钮❷，选择"检查兼容性"选项❸。

打开"兼容性检查器"对话框❹，所有问题都会显示在列表中❺。

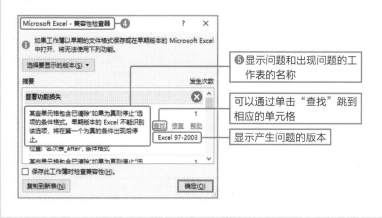

❺显示问题和出现问题的工作表的名称

可以通过单击"查找"跳到相应的单元格

显示产生问题的版本

第 **4** 章

条件判断与
布尔数值

Using Conditional Formulas Boolean Values

01 条件公式的基本：逻辑表达式、布尔值

扫码看视频

逻辑表达式和布尔值

　　Excel中的IF函数可以按照"如果满足…就…，反之则…"的条件对数据进行分类。掌握了IF函数就可以根据条件变换显示在单元格里的值或计算方法。掌握条件指定的知识对于熟练掌握IF函数来说是必不可少的。首先，我们看一下用于指定条件的"逻辑表达式"和"布尔值"。

　　在IF函数中，条件是由"逻辑表达式"来指定的。**逻辑表达式是一种结果为TRUE（真）或FALSE（假）的式子。**TRUE和FALSE称为"布尔值"。

TRUE　……　表示"真"的布尔值

FALSE ……　表示"假"的布尔值

　　例如，"A1>10"是一个表示"单元格A1的值比10大"的逻辑表达式。如果单元格A1的值为20，则"A1> 10"的结果为TRUE。如果单元格A1的值为5，则结果为FALSE。">"这类的比较两个值以判断真假的符号称为"比较运算符"。

● 比较运算符的种类

比较运算符	意义	逻辑表达式	逻辑表达式的意义
=	等于	A1=10	单元格 A1 的值等于 10
<>	不等于	A1<>10	单元格 A1 的值不等于 10
>	大于	A1>10	单元格 A1 的值大于 10
>=	大于等于	A1>=10	单元格 A1 的值大于或等于 10
<	小于	A1<10	单元格 A1 的值小于 10
<=	小于等于	A1<=10	单元格 A1 的值小于或等于 10

逻辑表达式的用途

"逻辑表达式"除了可以用作IF函数的条件，还可以作为公式输入到单元格中。它和一般公式，如"=A3+D3"一样，先输入公式开头的符号"="，然后再输入逻辑表达式。

例如，"A3=D3"是一个表示"单元格A3和单元格D3的值相等"的逻辑表达式。可输入公式"=A3=D3"到单元格中。公式中有两个"="，第1个"="是公式开头的符号，第2个"="是比较运算符。如果在单元格A3中输入10，在单元格D3中输入20，则公式"=A3+D3"的结果是30，"=A3=D3"结果为FALSE。

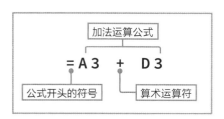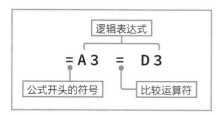

下图是使用公式"=A3=D3"检查A列和D列中的值是否相等的示例。如果A列和D列中的值相等，则显示为TRUE，反之，显示为FALSE。

● 检查A列和D列是否相同

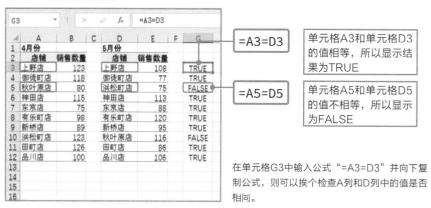

02 用于条件判断的 IF函数的基础

扫码看视频

根据条件变换显示值

在根据条件进行判断时，需要使用IF函数。**IF函数有"逻辑表达式""如果为真""如果为假"这3个参数，可以根据"逻辑表达式"的结果，返回"如果为真"或"如果为假"的值。**

在下图中，当满足条件"销售数量为5000或以上"时，显示"目标达成"，不满足该条件时，则显示为"未达成"。将IF函数的第1个参数"逻辑表达式"指定为"B3>=5000"，将第2个参数"如果为真"指定为""目标达成""，将第3个参数"如果为假"指定为""未达成""。

● 如果销售数量为5000或以上，则显示为"目标达成"；反之则显示为"未达成"

在单元格C3中输入IF函数公式❶，复制公式❷，即可根据销售数量显示判断结果。

❶ =IF(B3>=5000,"目标达成","未达成")

逻辑表达式	如果为真	如果为假
单元格B3为5000或以上	显示"目标达成" 是	显示"未达成" 否

格式　条件判断（IF）

=IF(逻辑表达式,[如果为真],[如果为假])

当"逻辑表达式"为TRUE（真）时，返回"如果为真"的值，为FALSE（假）时，返回"如果为假"的值。

根据条件变换公式

我们可以将IF函数的参数"如果为真"和"如果为假"指定为数学公式。IF函数可应用在各种情况，例如，仅在条件成立时执行公式或根据条件是否成立来切换要执行的公式等。

在下图中，仅当在B列中输入了销售数量时才计算"销售数量×200"，而未输入销售数量时，不显示0。将IF函数的第1个参数"逻辑表达式"指定为表示"单元格B3不为空"的"B3<>""，将第2个参数"如果为真"指定为"B3*200"，将第3个参数"如果为假"指定为"""。逻辑表达式中的"<>"是一个意味着"不是……"。另外，"""是1个空字符串，表示没有任何数据。

● 仅在输入了销售数量后计算金额

如果事先在"金额"栏中输入了公式"=B3*200"，那么未输入销售数量的时候会显示为0。若要不显示0，则需要修改公式。

在单元格C3中输入IF函数的公式❶，复制公式❷。如果输入销售数量，则计算"销售数量×200"，如果未输入销售数量，则不显示任何内容。

153

03 IF函数的条件判断

数值判断结果出错

在IF函数的条件判断中，如果不知道要注意的要点，可能无法获得预期的结果。如果发现判断结果有误，可以对其进行处理。如果没有发现存在的错误情况，可能会造成无可挽回的错误。为了防止错误的结果，我们需要知道几个要点。

在第152页中，使用IF函数，在数值大于或等于5000时显示"目标达成"，但是，在进行此类判断时，需要检查判断对象中有没有字符串。因为如果输入了字符串，也会显示"目标达成"。如果一定要输入字符串的话，请参考第166页进行处理。

● 销售数量为"汇总中"却显示"目标达成"

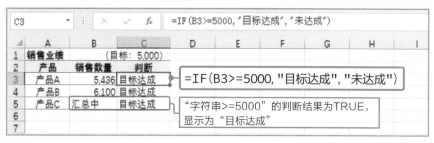

此外，如果不能顺利判断设置了显示格式的数值，可暂且取消显示格式，检查是否隐藏了小数点以下的数值。如果将包含小数部分的数值设置为了数字分隔符格式和货币格式，那么数值看上去是整数，但是，IF函数会按照实际的数值进行判断。请参照第118页，用ROUND函数处理零数。

● 含税金额10000元或以上本应免运费，可是……

❶ =IF(C3>=10000, 0, 500)

创建一个表示如果含税金额为10000或以上，则运费为0，反之，运费为500的公式❶。但是，尽管含税金额是10000，而运费显示的是500❷。

❹ =B3*1.08

取消显示格式后可以发现小数部分有数值❸。原因在于输入的公式里未应用舍入函数❹。为了防止这种问题产生，我们必须利用ROUND函数进行零数处理。

如果使用IF函数比较小数，有时可能无法进行如下图所示的准确判断，尽管这种情况很少出现。例如，将kg单位的数值转换为g单位的数值以避开小数的做法是比较明智的方法。

● "0.1<0.1" 的判断变成了TRUE

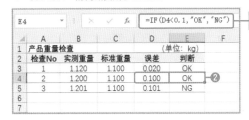

❶ =IF(D4<0.1, "OK", "NG")

将误差的允许范围设为"0.1kg"，将D列中误差的数值与0.1进行比较，如果误差小于允许范围，则显示为OK❶。当误差为0.1时，本应显示为NG，却显示了OK❷。这是因为Excel没能正确地处理小数。

❹ =IF(D4<100, "OK", "NG")

将以kg为单位的数值换算成以g为单位的数值❸，将D列中的值与100g进行比较和判断❹，可以进行正确判断❺。

日期的判断结果有问题

在IF函数的参数"逻辑表达式"中直接输入日期进行日期比较时也必须要注意。将日期指定为函数的参数时，可以将其括在"＂＂"（双引号）中，将单元格的日期与日期"2019/4/1"进行比较时，很容易误写成"D2="2019/4/1""，但是，因为"2019/4/1"被认为是字符串，所以无法进行正确判断。

此外，即使设置为"D2=2019/4/1"，因为"2019/4/1"被视为除法运算公式，因此也无法进行正确判断。直接在"逻辑表达式"中指定日期时，可以使用DATE函数（p.220）明确指定该数据为日期数据。

● 日期比较有问题

要判断单元格D2的值是否等于日期"2019/4/1"。将"逻辑表达式"指定为"D2="2019/4/1""，那么会比较单元格D2的日期和字符串"2019/4/1"，无法正确比较。

如果将"逻辑表达式"指定为"D2=2019/4/1"，则会将单元格D2的日期与"2019÷4÷1"的结果进行比较，无法正确比较。

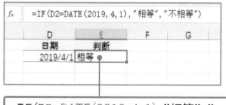

如果使用DATE函数指定"逻辑表达式"为"D2=DATE(2019，4，1)"，则可以正确比较单元格D2的日期和日期"2019/4/1"。

156

字符串的判断结果有误

比较字符串时，我们需要注意字符的种类。全角字符和半角字符被认为是不同的字符，因此，即使输入具有相同含义的数据，也会判断为不同的数据。我们可以参照第282页，统一数据的字符种类后进行比较。另外，大写和小写字母被视为同一字符。

● 字符种类不同会被判断为"不相等"

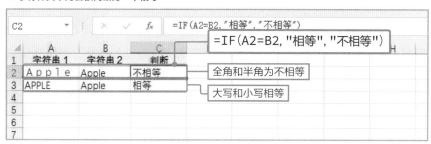

🔧 **实用专业技巧！** 将布尔值作为数值使用

布尔值的TRUE可以当作1，FALSE可以当作0用于计算数值。在下面的示例中，资格证书为"有"时，资格津贴为5000，而资格证书为"无"时，资格津贴为0。
通常，我们会使用公式"＝IF(B2="有",5000,0)"，但下图却使用了公式"＝5000*(B2＝"有")。资格证书为"有"时，"B2="有""会作为TRUE的1来进行计算，计算结果为5000。如果不是"有"，则"B2="有""会作为FALSE的0来计算，计算结果为0。

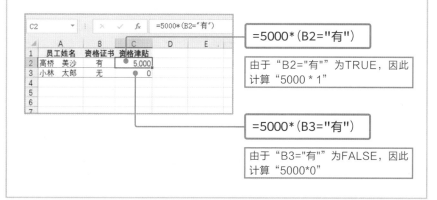

04 根据3种或3种以上的条件进行分类

扫码看视频

根据不同的条件切换3种不同的显示值

嵌套一个IF函数，可以执行多种条件判断。例如，要将分数为"80或以上"评为A，分数为"60或以上"评为B，其他的分数评为C，则需要使用两个IF函数。在第1个IF函数中指定得分为80或以上的条件，如果满足该条件，则被评为A。如果不满足该条件，则进行第二个IF函数计算，在第2个IF函数中指定分数为60或以上的条件，如果满足该条件，则被评为B，否则，被评为C。

● 根据得分判断A、B、C等级

输入IF函数的嵌套公式❶，复制公式❷。显示分数相对应的评价。

格 式　　条件判断（IF）

=IF(逻辑表达式, [如果为真], [如果为假])　　逻辑

如果"逻辑表达式"为TRUE（真），则返回"如果为真"的值，如果为FALSE（假），则返回"如果为假"时的值。

158

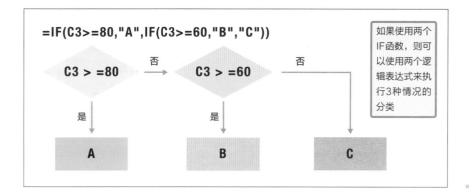

=IF(C3>=80,"A",IF(C3>=60,"B","C"))

C3 > =80 —否→ C3 > =60 —否→

是↓ 是↓ ↓

A B C

如果使用两个IF函数，则可以使用两个逻辑表达式来执行3种情况的分类

📝 专栏　　**Excel 2019和Office 365中可以使用IFS函数**

在Excel 2019和Office 365的Excel中，可以使用新的IFS函数，根据多种条件进行条件判断。

进行3种情况的判断时，要指定IFS函数的参数"逻辑表达式"的3对"值"。如果将最后一个"逻辑表达式"指定为TRUE，则可以指定在不满足任何条件时的"值"。使用IFS函数时，前一页介绍的函数嵌套公式修改如下。

=IFS(C3>=80, "A", C3>=60, "B", TRUE, "C")

逻辑表达式1　值1　逻辑表达式2　值2　逻辑表达式3　值3

是 是 是

80及以上为A　　60及以上为B　　其他为C

格 式　　**多条件判断（IFS）**

=IFS(逻辑表达式1, 值1, [逻辑表达式2, 值2], …)　　 逻辑

从第一个条件开始按顺序判断逻辑表达式，首先返回"逻辑表达式"为TRUE（真）的相对应的"值"。如果未找到产生TRUE的"逻辑表达式"，则返回"#N/A"。最多可以指定127对"逻辑表达式"和"值"。

多层嵌套还可使用VLOOKUP函数

使用IF函数对条件进行判断时，例如，90分及以上定为A，80分及以上定为B，70分及以上定为C，60分及以上定为D，每增加一个条件，嵌套就会增加一层。最多可以在Excel中嵌套64层IF函数，但实际上多层嵌套会增加理解的难度，也难以维护。如果要基于特定的值对4种或更多条件进行判断，可以考虑使用VLOOKUP函数。

使用VLOOKUP函数时，需要首先创建一个条件表。在第1列中按升序输入条件的数值，然后在右侧输入与条件相对应的值。下图中，根据分数对A到F这6种条件进行判断，重要的是在VLOOKUP函数的第4个参数"检索方法"中指定为"○及以上"的条件的TRUE。

● **根据得分确定A到F的6种分类**

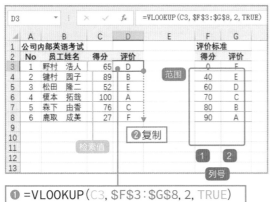

将第一人的得分的单元格C3指定为VLOOKUP的第3个参数"检索值"。
使用绝对引用（**p.19**）指定"评价标准"表中的单元格范围F3:G8为第2个参数"范围"。
将"评价标准"表的评价的列号2指定为第3个参数"列号"。
指定为"○及以上"条件的TRUE为第4个参数"检索方法"。
然后，即可以获取第1个人的评价 ❶，复制此公式，即可获取每个员工的评价 ❷。

❶ =VLOOKUP(C3, $F$3 : $G$8, 2, TRUE)
　　　　　　　搜索值　范围　列号　搜索方法

格 式　　**检索表并提取值（VLOOKUP）**

=VLOOKUP(检索值, 范围, 列号, [检索方法])　　检索

从"范围"的第1列开始搜索"检索值"，并返回找到的行的"列号"中的数据。如果将"检索方法"指定为FALSE，则执行完全匹配检索；如果指定或省略TRUE，则执行近似匹配检索。

使用CHOOSE函数将1、2、3 等显示为不同结果

根据数值1、2、3等来切换显示值时，使用CHOOSE函数会很简单。 在第1个参数中指定条件的对象，并在第2个及以后的参数排列要切换的值。下图中，调查问卷的回答为1时显示"满意"，回答为2时显示"一般"，而回答为3时显示"不满意"。

● **用字符替换问卷中的数值**

将单元格B3指定为CHOOSE函数的第1个参数，并排列要切换的值❶。复制公式❷，此时会根据回答的数值在"满意""一般"和"不满意"之间切换。

❶ =CHOOSE(B3,"满意","一般","不满意")
索引　　值1　　值2　　值3

第4章 条件判断与布尔数值

格式 　根据指定的数值进行判断（CHOOSE）

=CHOOSE(索引, 值1, [值2], …)

检索

返回与"索引"中指定的数值相对应的"值"。如果"索引"为1，则返回"值1"，如果"索引"为2，则返回"值2"。最多可以指定254个"值"。

专栏 　**在Excel 2019和Office 365中可使用SWITCH函数**

在Excel 2019和Office 365的Excel中，使用新函数SWITCH函数，也可以进行这样的分类，即单元格的值如果为值1则显示○，为值2则显示△……下面的公式中，如果单元格C3的值为"满意"，则显示为A，如果为"一般"，则显示为B，如果为"不满意"，则显示为C。格式请参照第337页。

=SWITCH(C3,"满意","A","一般","B","不满意","C")

05 以 "与" "或" 条件进行判断

扫码看视频

判断 "多个条件全部成立"

　　将AND函数与IF函数嵌套使用，可以指定条件 "逻辑表达式1与逻辑表达式2与…"，并可对是否满足所有逻辑表达式进行判断。当对性别（单元格C3）为 "女"，且年龄（单元格D3）为 "30岁及以上" 的会员进行问卷调查时，可将有关人员的条件表示为 "AND(C3="女",D3>=30)"。

● 搜索性别为 "女" 且年龄为 "30岁及以上" 的会员

输入IF函数和AND函数的嵌套公式❶，复制公式❷。"性别为女，且年龄在30岁及以上" 的会员会显示为 "适用"。

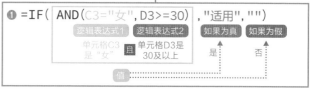

格 式　条件判断（IF）

=IF(逻辑表达式,[如果为真],[如果为假])　　　逻辑

如果 "逻辑表达式" 为TRUE（真），则返回 "如果为真" 的值，如果为FALSE（假），则返回 "如果为假" 的值。

=AND（逻辑表达式1, [逻辑表达式2], …） 逻辑

当所有指定的"逻辑表达式"均为TRUE（真）时，返回TRUE。否则，返回FALSE。
最多可指定255个"逻辑表达式"。

判断"至少满足多个条件之中的一个"

使用OR函数并指定条件"逻辑表达式1或逻辑表达式2或…"，可以判断是否满足至少一个逻辑表达式。在搜索住址（单元格C3）为"东京都"或工作地（单元格D3）为"东京都"的会员时，条件可表示为"OR(C3="东京都",D3="东京都")"。

● 搜索住址为"东京都"或工作地为"东京都"的会员

输入IF函数和OR函数的嵌套公式❶，复制公式❷。住址为东京都或工作地为东京都的会员即显示为"适用"。

=OR（逻辑表达式1, [逻辑表达式2], …） 逻辑

当至少一个指定的"逻辑表达式"为TRUE（真）时返回TRUE，否则，返回FALSE。
最多可指定255个"逻辑表达式"。

嵌套AND函数和OR函数实现复杂条件判定

使用AND函数和OR函数，可以指定组合了"与"和"或"的复杂条件。 条件"性别为女"和"地址为东京都或工作地为东京都"可表示为"AND(C3="女",OR(D3="东京都",E3="东京都"))"。

● 搜索"性别为女"与"住址为东京都或工作地为东京都"的会员

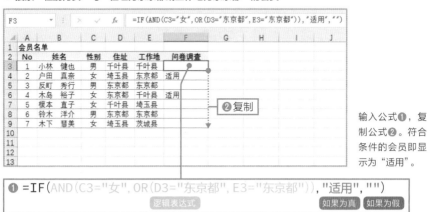

输入公式❶，复制公式❷。符合条件的会员即显示为"适用"。

❶ =IF(AND(C3="女",OR(D3="东京都",E3="东京都")),"适用","")
　　　　　　　　　　　逻辑表达式　　　　　　　　　如果为真　如果为假

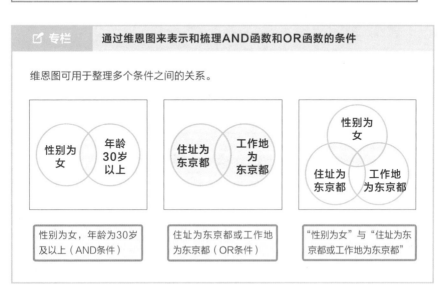

📖 **专栏**　　通过维恩图来表示和梳理AND函数和OR函数的条件

维恩图可用于整理多个条件之间的关系。

性别为女，年龄为30岁及以上（AND条件）

住址为东京都或工作地为东京都（OR条件）

"性别为女"与"住址为东京都或工作地为东京都"

使用NOT函数对参数值求反

可以使用NOT函数对参数值求反。当要指定与AND函数和OR函数指定的条件完全相反的条件时，使用该函数会很方便。

例如，在第173页中，为搜索住址为"东京都"或工作地为"东京都"的会员，我们指定了条件"OR(C3="东京都",D3="东京都")"。如果将其指定为NOT函数的参数，则可以搜索与"东京都"无关系的会员。

● 搜索"住址或工作地都不是东京都"的会员

输入公式❶，复制公式❷。第163页的空白单元格显示为"适用"。

❶ =IF(NOT(OR(C3="东京都", D3="东京都")),"适用","")
　　　　　逻辑表达式　　　　　　　如果为真　如果为假

格 式　　对参数值求反（NOT）

=NOT（逻辑表达式）　　　　　　　　　　　　　　　　逻辑

当"逻辑表达式"为TRUE时返回FALSE，为FALSE时返回TRUE。

📖 **专栏**　　对参数值求反（NOT）

使用NOT函数，使原本不符合条件的数据变成符合条件的数据。

| 住所
东京都　工作地
东京都 | NOT | 住所
东京都　工作地
东京都 |

06 根据是否为数值进行条件判断，以防IF函数出现错误判断

扫码看视频

仅在输入数值后执行条件判断

使用IF函数进行数值数据的条件判断时，如果未在目标单元格中输入数值，则可能会引起意想不到的判断错误。本节介绍防止这种情况发生的方法。

在左下方的图中，使用IF函数，当销售数量为"100及以上"时，显示"目标达成"，但是在"销售数量"列中输入了"汇总中"，也显示了"目标达成"，这是因为字符串数据被判断为大于该数值的数值。

为防止这种情况的发生，我们可以设置只对在"销售数量"栏中输入了数值的情况来判断其销售数量是否达到目标。为此，要使用ISNUMBER函数。如果指定为此函数的参数"测试对象"的值是一个数值，则返回TRUE。我们输入"=ISNUMBER(B3)"，复制公式并检查返回值。如果"销售数量"是数值，则显示TURE，如果是字符串，则显示FALSE。

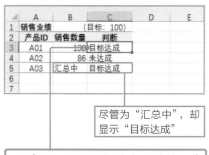

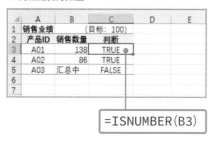

实际上，可以嵌套IF函数来正确判断销售数量是否达成目标。首先，在第1个IF函数的参数"逻辑表达式"中指定"ISNUMBER(B3)"。由于ISNUMBER函数的返回值是一个布尔值，因此可以在参数"逻辑表达

式"中直接指定。在参数"如果为真"中指定判断是否达成目标的IF函数即可。

● 仅当输入了数值后执行"目标达成"的条件判断

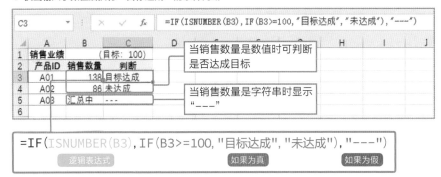

=IF(ISNUMBER(B3),IF(B3>=100,"目标达成","未达成"),"---")
逻辑表达式 　　　　　　　如果为真 　　　　如果为假

格 式　　条件判断（IF）、判断是否为数值（ISMUMBER）

=IF(逻辑表达式,[如果为真],[如果为假])　　　　逻辑

如果"逻辑表达式"为TRUE（真），则返回"如果为真"的值，如果为FALSE（假），则返回"如果为假"的值。

=ISNUMBER(测试对象)　　　　信息

"测试对象"是数值或日期/时间时，返回"TRUE"，否则，返回"FALSE"。

📮 专栏　　"ISNUMBER(B3)"和"ISNUMBER(B3)=TRUE"

这里，我们为IF函数的参数"逻辑表达式"指定了"ISNUMBER(B3)"，当然，也可以指定"ISNUMBER(B3)= TRUE"。逻辑表达式是一个结果为TRUE或FALSE的式子，因为ISNUMBER函数的返回值为TRUE或FALSE，所以，可以在IF函数中将其指定为参数"逻辑表达式"。

另外，"ISNUMBER(B3)= TRUE"这个式子是使用了比较运算符的逻辑表达式，因此也可以将其指定为参数"逻辑表达式"。

167

仅当3个数值都完备时执行条件判断

如果多个单元格中数值未输入，IF函数的结果可能会出现错误。下面的示例中，笔试、听力、会话的得分都在60分及以上的，显示为"及格"，但缺考的考生也被判定为及格。

● 缺考了却显示为及格

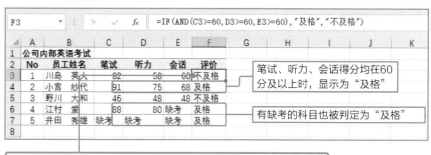

笔试、听力、会话得分均在60分以上时，显示为"及格"

有缺考的科目也被判定为"及格"

=IF(AND(C3>=60, D3>=60, E3>=60), "及格", "不及格")

由于ISNUMBER函数不能将单元格范围指定为参数，因此必须检查笔试、听力、会话的单元格中是否都输入了数值。想要快速检查的话，可以使用对数值进行计数的COUNT函数。计算得分数据的数量，如果结果为3，则可判断所有分数均已输入。

● 仅当3个数值都输入完成时才执行及格与否的判断

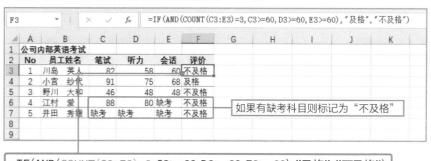

如果有缺考科目则标记为"不及格"

=IF(AND(COUNT(C3:E3)=3, C3>=60, D3>=60, E3>=60), "及格", "不及格")

单元格范围C3:E3中有3个数值

格 式　"与"条件（AND），计算数值数据的数量（COUNT）

=AND（逻辑表达式1, [逻辑表达式2], …）　　　　逻辑

当所有指定的"逻辑表达式"均为TRUE（真）时，返回TRUE。否则，返回FALSE。
最多可指定255个"逻辑表达式"。

=COUNT（数值1, [数值2], …）　　　　统计

获取"数值"的数量。可以指定数值、单元格、单元格范围为"数值"。最多可指定
255个"数值"。

专栏　　检查是否在所有输入栏中输入了数据

可使用COUNTA函数查
找所有输入栏中是否都输
入了数据。在以下公式中，
如果在单元格范围A3:F3
中存在输入遗漏，则显示
"输入遗漏"。

=IF(COUNTA(A3:F3)=6,"","输入遗漏")

专栏　　各种"IS函数"

Excel中具有多个查找值的种类的函数，例如ISNUMBER函数。这些函数的开头全
部都带有IS，被统称为"IS函数"。

● 主要的IS函数

函数	返回TRUE的数据
ISBLANK（测试对象）	空白单元格（尚未输入的单元格）
ISERROR（测试对象）	错误值
ISNUMBER（测试对象）	数值、日期、时间
ISTEXT（测试对象）	字符串

169

扫码看视频

07 避免错误显示
并将其替换为另一个值

使用IFERROR函数避免错误显示

如果公式中有错误，会在单元格中显示"错误值"，但是，如果表中没有数据，也会显示错误值，并且表的外观也会受影响。我们可以使用IFERROR函数轻松隐藏错误值。

在左下方表的 "上月比"列中计算的是"这个月÷上个月"（= C3 / B3）。如果引用对象的单元格为空格或字符串，则会出现错误值。这时就需要IFERROR函数来发挥作用。IFERROR函数具有两个参数，"值"和"发生错误时的值"，如果"值"是正常的，则返回"值"，如果发生错误，则返回"发生错误时的值"。如果将第1个参数"值"指定为原始公式"C3/B3"，将第2个参数"发生错误时的值"指定为"---"，则错误值会被"---"代替。

● 公式错误时显示 "---"

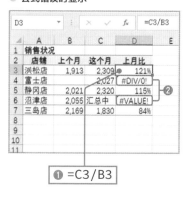

● =C3/B3

❸ =IFERROR(C3/B3,"---")
值 发生错误时的值

计算上月比❶，错误值将显示在数据输入不完整的行里❷。可以使用IFERROR函数修正公式❸，复制公式❹，即可消除错误显示。

IFERROR函数可以避免诸如"#DIV/0!""#NAME?""#NULL!"
"#NUM!""#REF!""#VALUE!"等的错误值的出现。关于每个错误的含义
请参考下一页。当日期/时间计算的结果为负数或列宽很窄数值不能被全部
显示时会出现"#####"，这种显示内容使用IFERROR函数无法消除。

格式 **根据有无错误进行条件判断（IFERROR）**

=IFERROR(值, 发生错误时的值)　　　　　　逻辑

……………………………………………………………………………………
如果"值"不是错误值，则返回"值"。如果"值"是错误值，则返回"发生错误时
的值"。

专栏 **确保错误值不打印**

当我们打印带有错误值的表时，错误值通常会按原样打印，可以使用"页面设置"对
话框来设置要显示的值，而不是错误值。当清除印刷品的错误显示时，这一功能会很
方便。
首先，单击"页面布局"选项卡的"打印标题"按钮，出现"页面设置"对话框。单
击"工作表"标签中的"错误单元格打印为（E）"下拉按钮，然后从列表中选择要
显示的内容。可以选择"<空白>""--"等。

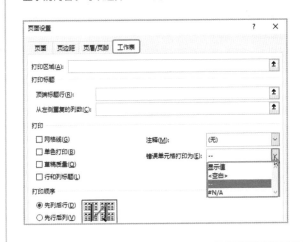

错误值的种类

在第170页我们介绍了使用IFERROR隐藏错误值的方法，但如果是由于公式错误而引起错误值的话，就需要修改公式。错误值是识别错误原因的重要信息。了解了错误值，就可以根据错误的类型采取相应的措施。

● 错误值的种类

错误值	说明
#DIV/0!	在包含除法计算的公式中，用 0 或空白单元格进行除法运算时显示。可重新查看指定为除数的数字、公式、单元格等是否有误
#N/A	当 VLOOKUP 函数、HLOOKUP 函数、MATCH 等函数无法找到被检索值时显示。另外，输入数组公式时，如果选择了多个输入目标单元格，也会显示。此错误值有时可能会被故意引发，以表示值尚未确定
#NAME?	指定的函数名或名称不正确时显示。检查函数名和名称的输入，名称定义中的遗漏之处以及是否存在所用函数与 Excel 版本不兼容的问题。另外，忘记将字符串括在 ""（双引号）中，可能被视为未定义的名称而引发错误
#NULL!	当用半角空格作为引用运算符（作用是交集运算符）指定的两个单元格范围中没有交集时显示。查阅引用运算符的用法和指定的单元格范围。另外要注意，即使不打算使用引用运算符，Excel 也可能会将半角空格视为引用运算符，从而发生错误
#NUM!	数字类的数值有问题时显示。原因可能是计算结果超出了 Excel 可以处理的数值范围（$-1 \times 10^{307} \sim 1 \times 10^{307}$），或者是执行迭代计算的函数无法找到解
#REF!	公式引用了无效单元格(无效引用)时显示。原因通常是丢失了引用单元格，例如引用单元格被删除
#VALUE!	如果公式中数值的类型有误，则会显示该信息。如果一个参数应为数字类型数值，却被指定为字符串，或者一个参数应为单个单元格，却被指定为单元格范围，则可能会发生错误

第 **5** 章

表的检索和数据转换

Searching Sheets and Transferring Values

01 VLOOKUP函数的基础：在完全匹配条件下查找

扫码看视频

什么是表的检索？

掌握了VLOOKUP函数，即可以自动执行烦琐的"检索"。本节介绍VLOOKUP函数的机制和基本用法。

所谓检索就是从表中查找所需的数据。比如，检索产品列表，并取出产品ID为"××"的产品的价格。检索客户列表并取出客户编码为"××"的客户的联系地址，这类操作被称为"检索"。

检索的典型示例是创建销售报表。下图中销售报表含有用于输入产品ID、产品名称和单价的列。如果我们一边查看产品列表，一边手动输入的话会很麻烦费时，而且还可能会出现错误。但是，如果预先在"产品名称"和"单价"栏中输入VLOOKUP函数公式，则只需在销售报表中输入产品ID，即可自动从产品列表中提取相应产品的产品名称和单价。这样既可以节省时间又可以防止输入错误，非常方便。

● 从销售报表中查找产品列表

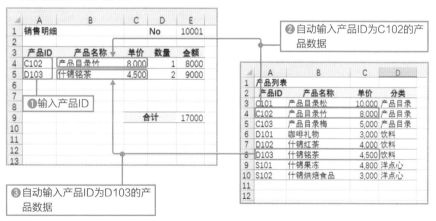

174

使用VLOOKUP函数可进行两种类型的检索

　　使用VLOOKUP函数可在表中检索被称为"检索值"的值，并返回相应的数据。根据目的选择使用两类检索方法，"完全匹配检索"和"近似匹配检索"。

　　完全匹配检索顾名思义，检索与"检索值"完全匹配的值，例如检索产品列表以取出产品ID为S03的产品的价格。如果未找到完全匹配的值，则会出现错误。

● 完全匹配检索

　　近似匹配检索会检索含有值的空间的表，并检索包含"检索值"的值的区间。根据购买额将客户分为常规、白银、黄金、白金4个级别。即使表中不存在完全匹配的值，也会返回与"大于等于○"相对应的数据。

● 近似匹配搜索

VLOOKUP函数的查表机制

VLOOKUP函数具有以下4个参数。

- 检索值……指定检索关键词。
- 范围………指定要检索的单元格范围。
- 列号………指定要检索的数据的列号。从表格的左端开始算，依次为1、2、3。
- 检索方法…指定FALSE，则进行完全匹配检索，指定TRUE或省略，则进行近似匹配检索。

　　要查找下图产品列表中产品ID为D103的产品单价，需将第1个参数"检索值"指定为D103，第2个参数"范围"指定为单元格范围A3:D10，第3个参数"列号"指定为单价列号3，第4个参数"检索方法"指定为表示完全匹配检索的FALSE，公式将从单元格范围A3:D10的第1列中检索D103，返回找到D103所在行的第3列的数据4500。

● 查找产品ID为D103的产品的单价（表的第3列）

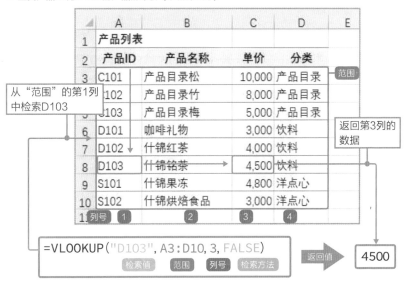

　　VLOOKUP函数先以垂直方向检索表的第1列，然后在水平方向上检索出数据。VLOOKUP函数的函数名称由"Vertical（垂直）"和"Look Up（查找）"这两个单词组成。

176

试着输入VLOOKUP函数公式

下图中，与单元格G2中输入的产品ID相对应的产品名称和单价是从"产品列表"中提取的数据。为了提取产品名称，需将VLOOKUP函数的第1个参数"检索值"指定为单元格G2，将第2个参数"范围"指定为单元格范围A3:D10，将第3个参数"列号"指定为产品名称的列号2。将第4个参数"检索方法"指定为FALSE。将第3个参数的"列号"变为3，可提取单价。

● 提取单元格G2中输入的产品ID对应的产品名称和单价

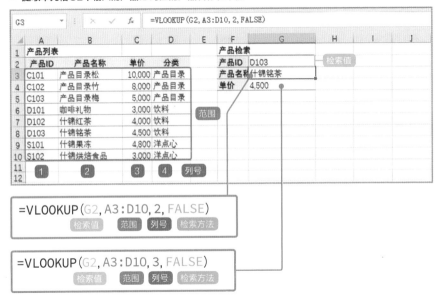

格式　检索并提取值（VLOOKUP）

=VLOOKUP(检索值, 范围, 列号, [检索方法])　　检索

从"范围"的第1列搜索"检索值"，并返回查找到的行的"列号"中的数据。如果将"检索方法"指定为FALSE，则执行完全匹配搜索；如果指定为TRUE或省略，则执行近似匹配搜索。

通过"产品ID"检索时的VLOOKUP函数使用注意事项

通过"产品ID"或"客户ID"等检索时，务必在第4个参数中指定FALSE以执行完全匹配搜索。 如果查找到检索值，无论是完全匹配还是近似匹配，都会返回相应的数据，因此大家可能认为无论使用哪种检索方法都可以。但是，当检索不到值时，返回的结果有差异。

使用完全匹配可能会返回错误值"#N/A"，此时需要注意检索值是否输入错误。另一方面，近似匹配会返回与指定的检索值相接近的数据， 也就是说会返回错误的信息。如果我们未发现这些错误，则可能会导致相关问题。所以务必指定完全匹配搜索以防止此类状况的出现。

● 未找到检索值时，完全匹配和近似匹配的结果差异

G3			×	✓	fx	=VLOOKUP(G2,A3:D10,2,FALSE)	

▲	A	B	C	D	E	F	G
1	产品列表					产品检索	
2	产品ID	产品名称	单价	分类		产品ID	C999
3	C101	产品目录松	10,000	产品目录		产品名称	#N/A
4	C102	产品目录竹	8,000	产品目录		单价	#N/A
5	C103	产品目录梅	5,000	产品目录			
6	D101	咖啡礼物	3,000	饮料			
7	D102	什锦红茶	4,000	饮料			
8	D103	什锦铭茶	4,500	饮料			

<完全匹配>
如果将第4个参数指定为FALSE，那么因为C999这一产品ID不存在，所以产品名称和单价是错误值，这样我们会注意到检索值的输入有误。

G3			×	✓	fx	=VLOOKUP(G2,A3:D10,2)	

▲	A	B	C	D	E	F	G
1	产品列表					产品检索	
2	产品ID	产品名称	单价	分类		产品ID	C999
3	C101	产品目录松	10,000	产品目录		产品名称	产品目录梅
4	C102	产品目录竹	8,000	产品目录		单价	5,000
5	C103	产品目录梅	5,000	产品目录			
6	D101	咖啡礼物	3,000	饮料			
7	D102	什锦红茶	4,000	饮料			
8	D103	什锦铭茶	4,500	饮料			

<近似匹配>
如果省略了第4个参数，则对于不存在的产品ID（C999）将错误地显示成C103的产品信息。

防止检索值输入错误

防止检索值输入错误的有效方法是在检索值的输入栏中设置列表输入，以便只能输入检索列表中存在的值。通过从列表中选择检索值来输入检索值，可提高操作的准确性。

● 在"检索值"的输入栏中设置序列输入

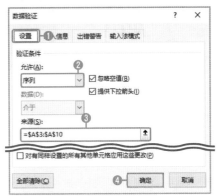

从列表中进行选择防止输入错误的发生

在检索值的输入栏中选择单元格G2，然后单击"数据"选项卡的"数据验证"按钮。显示"数据验证"对话框后，单击"设置"选项卡标签❶，然后从"允许"栏中选择"序列"❷。单击"来源"栏，拖动要在列表中显示的值的单元格范围（此处为产品列表的"产品ID"栏中的单元格范围A3:A10）❸，然后单击"确定"按钮❹。这样就可以从序列中输入检索值了❺。

📝 专栏　　水平检索

VLOOKUP函数只能进行垂直检索。如果想要水平检索，可以使用HLOOKUP函数。首字母缩略词H来自单词Horizontal，意思是"水平的"。检索方向与VLOOKUP函数不同，但用法与VLOOKUP函数相同。检索指定的"范围"的第1行，并返回找到的列的"行号"的数据。下图是从店铺列表中查找仙台店的电话号码。

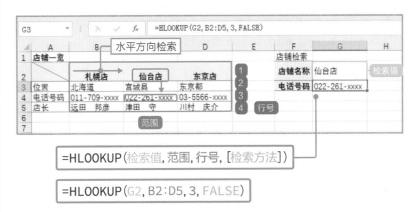

=HLOOKUP(检索值, 范围, 行号, [检索方法])

=HLOOKUP(G2, B2:D5, 3, FALSE)

179

02 防止因未输入"产品ID" 而产生错误

扫码看视频

销售明细的完成样子

VLOOKUP函数通常在销售明细等文件中使用。我们看一下创建此类文件时的要点。

这里我们要创建如下图所示的销售明细。我们要实现只输入"产品ID","产品名称"和"单价"会自动从产品列表中提取出来,在"数量"列中输入数值后,会自动计算"金额"。

● 创建一个只需输入"产品ID"和"数量"即可自动完成计算的明细表

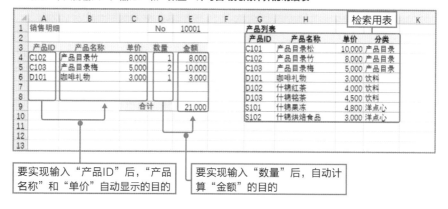

要实现输入"产品ID"后,"产品名称"和"单价"自动显示的目的

要实现输入"数量"后,自动计算"金额"的目的

格 式　检索并提取出值（VLOOKUP）

=VLOOKUP(检索值, 范围, 列号, [检索方法])

从"范围"的第1列中搜索"检索值",并返回查找到的行的"列号"中的数据。如果将"检索方法"指定为FALSE,则执行完全匹配搜索;如果指定为TRUE或省略,则执行近似匹配搜索。

考虑VLOOKUP函数公式的复制

要自动提取"产品名称"到明细栏的第1行，我们需要将VLOOKUP函数的第1个参数"检索值"指定为单元格A1，将第2个参数"范围"指定为单元格范围G3:J10，第3个参数"列号"指定为产品名称的列号2。第4个参数"检索方法"指定为表示执行完全匹配搜索的FALSE。这时，将"检索值"指定为相对引用的A4，使其复制时依次变为A5、A6、A7…。**将"范围"指定为绝对引用（p.19）的"$G$3:$J$10"进行固定，以使其在复制时不会发生变化。**

● 在明细栏的第1行中输入公式并复制

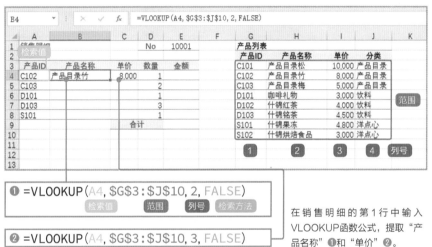

❶ =VLOOKUP(A4, $G$3 : $J$10, 2, FALSE)
　　　　检索值　　范围　　列号　检索方法

❷ =VLOOKUP(A4, $G$3 : $J$10, 3, FALSE)

在销售明细的第1行中输入VLOOKUP函数公式，提取"产品名称"❶和"单价"❷。

❸ =C4*D4

❹复制

通过"单价×数量"计算"金额"❸。分别复制公式❹，并使用SUM函数计算合计❺。

❺ =SUM(E4:E8)

防止出现空白行错误

前页的销售明细中所有的"产品ID"均已输入，但有时"产品ID"栏可能是空白。如果"产品ID"为空白，VLOOKUP函数将返回错误值"#N/A"，金额的计算也会出现错误。

● 如果"产品ID"未输入，则全都变为错误

	A	B	C	D	E	F	G	H
1	销售明细			No	10001		产品列表	
2							产品ID	产品名称
3	产品ID	产品名称	单价	数量	金额		C101	产品目录松
4	C102	产品目录竹	8,000	1	8,000		C102	产品目录竹
5	C103	产品目录梅	5,000	2	10,000		C103	产品目录梅
6		#N/A	#N/A		#N/A		D101	咖啡礼物
7		#N/A	#N/A		#N/A		D102	什锦红茶
8		#N/A	#N/A		#N/A		D103	什锦铭茶
9				合计	#N/A		S101	什锦果冻
10							S102	什锦烘焙食品
11								
12								
13								

未输入"产品ID"的行中的"产品名称""单价""金额"和"合计"出现错误

为避免此类错误值的出现，我们可以使用IFERROR函数。顾名思义，IFERROR函数可以指定要显示的值（如果出现错误时）而不是错误值。为第1个参数"值"指定VLOOKUP函数的公式，为第2个参数"发生错误时的值"指定空字符串""""（两个双引号）。当VLOOKUP函数正常运行时，将会显示返回值，当发生运行错误时，将不显示任何内容。

● 处理未输入"产品ID"时出现的错误值

	B4		× ✓ fx	=IFERROR(VLOOKUP(A4,$G$3:$J$10,2,FALSE),"")

	A	B	C	D	E	F	G	H
1	销售明细			No	10001		产品列表	
2							产品ID	产品名称
3	产品ID	产品名称	单价	数量	金额		C101	产品目录松
4	C102	产品目录竹		1			C102	产品目录竹
5	C103			2			C103	产品目录梅
6							D101	咖啡礼物
7							D102	什锦红茶
8							D103	什锦铭茶
9				合计			S101	什锦果冻
10							S102	什锦烘焙食品
11								

将IFERROR函数的公式输入到"产品名称"列中❶。

❶ =IFERROR(VLOOKUP(A4,$G$3:$J$10,2,FALSE),"")

值　　　　　发生错误时的值

182

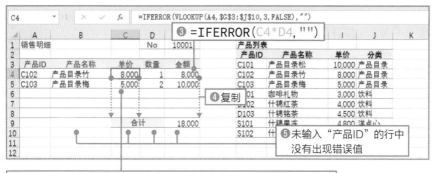

② =IFERROR(VLOOKUP(A4, $G$3:$J$10, 3, FALSE), "")

将IFERROR函数的公式输入到"单价"和"金额"列中②③，复制公式④。在输入了"产品ID"的行中，可以正常显示。在"产品ID"未输入的行中，错误值消失并且不显示任何内容⑤。

格 式　　根据是否存在错误进行条件判断（IFERROR）

=IFERROR(值, 发生错误时的值)　　　　　　　　　　　　逻辑

如果"值"不是错误值，则返回"值"。如果"值"是错误值，则返回"发生错误时的值"。

专栏　　在另一个工作表中搜索表格

如果检索用表位于另一个工作表中，则在指定VLOOKUP函数的第2个参数"范围"时，要在单元格号的前面加上工作表名称和"！"（感叹号）。例如，检索用表位于"产品"工作表的单元格范围A3:D10中，则可指定如下。

=IFERROR(VLOOKUP(A4, 商品!$A$3:$D$10, 2, FALSE), "")

输入参数"范围"时，切换到"产品"工作表，并拖动选择单元格范围A3:D10可以自动输入"产品! A3:D10"，可以按F4键切换为绝对引用。如果要检索的表是一个表格，则无论该表格位于哪个工作表上，仅指定表格名称即可，无须添加工作表名称，也不必按F4键切换引用方法。

第 5 章　表的检索和数据转换

03 向下向右复制 VLOOKUP函数公式

扫码看视频

创建可向下向右复制的公式

本节我们利用下图所示的销售记录表，介绍一种可以向下复制和向右复制的VLOOKUP函数公式的创建方法。

由于已在B列中输入了第1个参数"检索值"，因此要对其进行固定，以便在复制时仅变换行而列不变换。第2个参数"范围"既要固定行又要固定列。**将第3个参数"列号"指定为返回单元格列号的COLUMN函数，以便向右复制公式时，列号依次变为2、3、4、5。**

● 使用COLUMN函数自动将"列号"依次增加1

❶ =VLOOKUP($B3, 商品！$A$3:$E$10, 2, FALSE)

检索值　　　　范围　　　　列号　检索方法

思考在单元格C3中输入的公式❶。

VLOOKUP函数的第1个参数"检索值"中指定的单元格B3采用行变列不变的复合引用（**p.19**）来指定。将指定为"产品"列表的单元格范围A3:E10用绝对引用（**p.19**）指定为第2个参数"范围"。将第3个参数"列号"暂且指定为产品名称的列号2，并将第4个参数"检索方法"指定为表示进行完全匹配的FALSE。

184

=VLOOKUP($B3, 商品 ! $A$3:$E$10, COLUMN(B3), FALSE)

然后，将公式向右复制时，将参数"列号"更改为"COLUMN(B3)"，以便使"列号"2自动变为3、4、5❷。

COLUMN函数是返回参数中指定单元格的列号的函数。将参数指定为B3时，返回值是B列的列号2。将此公式向右复制❸。这时，如果执行"不带格式填充"（**p.21**），那么可以进行复制而不会丢失原有的显示格式等。

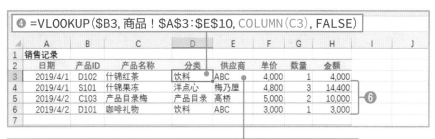

❹ =VLOOKUP($B3, 商品 ! $A$3:$E$10, COLUMN(C3), FALSE)

❺ =VLOOKUP($B3, 商品 ! $A$3:$E$10, COLUMN(D3), FALSE)

将公式向右复制，COLUMN函数的参数B3将变为C3、D3、E3❹❺。返回值会变为3、4、5，可在每列中进行正确检索。如果在添加新数据后向下复制公式，表格依然会正确检索❻。

格 式　**检索并提取值（VLOOKUP），获取列号（COLUMN）**

=VLOOKUP(检索值, 范围, 列号, [检索方法])　　　`检索`

....

从"范围"的第1列中搜索"检索值"，并返回找到的行的"列号"中的数据。如果将"检索方法"指定为FALSE，则执行完全匹配搜索；如果指定TRUE或省略，则执行近似匹配搜索。

=COLUMN([引用])　　　`检索`

....

返回"引用"中指定的单元格的列号。如果省略"引用"，则返回输入了COLUMN函数的单元格的列号。

185

04 根据两个代码号
从表中检索数据

结合两个检索值查找数据

使用VLOOKUP函数只能指定一个检索值，但是我们有时可能希望组合多个值进行检索。接下来介绍这种情况下使用的方法。

这里，我们将"分类ID"和"细分编号"作为两个检索值，从"产品"工作表中的"产品列表"里查找"产品名称"和"单价"。其操作要点有以下3点。

第1点，因为使用VLOOKUP函数只能指定一个检索值，因此需要在"产品列表"中设置一列将"分类ID"和"细分编号"连接在一起的"产品ID"列来进行检索。

第2点，VLOOKUP函数只能返回检索值右侧列中的数据，因此需将"产品ID"列放在"产品名称"和"单价"列的左侧。

第3点，使用VLOOKUP函数可以检索参数"范围"的第1列，因此在指定"范围"要让"产品ID"位于第1列。

● 以"分类ID"和"细分编号"作为两个检索值进行查找

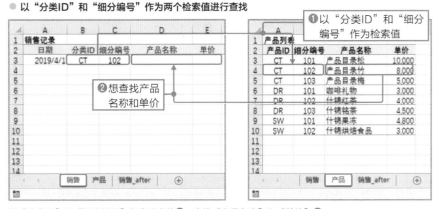

将"分类ID"和"细分编号"作为检索值❶，查找"产品名称"和"单价"❷。

首先插入"产品ID"列，右键单击C列的列号❸，然后选择"插入"命令❹。另外，此处插入到了C列后，也可以插入到A列或B列后。

插入列后，输入"产品ID"作为列标题。在第1个单元格中，输入公式"= A3＆B3"，连接"分类ID"和"细分编号"❺，复制公式❻。

⑧ =VLOOKUP(B3 & C3**, 商品！$C$3:$E$10, 3,** FALSE**)**

⑦ =VLOOKUP(B3 & C3**, 商品！$C$3:$E$10, 2,** FALSE**)**
检索值　　　范围　　　列号　检索方法

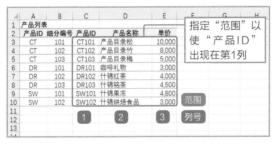

指定"范围"以使"产品ID"出现在第1列

若要查找产品名称，需将VLOOKUP函数的第1个参数"检索值"指定为"B3＆C3"。第2个参数"范围"用绝对引用指定为"产品！$C$3:$E$10"。将第3个参数"列号"指定为2，将第4个参数"检索方法"指定为表示完全匹配搜索的FALSE❼。如果将"列号"指定为3，则可以查找单价❽。

格 式　**检索并提取值（VLOOKUP）**

=VLOOKUP(检索值, 范围, 列号, [检索方法]**)**　　检索

从"范围"的第1列中搜索"检索值"，并返回找到的行的"列号"。如果将"检索方法"指定为FALSE，则执行完全匹配搜索；如果指定为TRUE或省略，则执行近似匹配搜索。

05 在近似匹配的条件下检索 "指定值及以上且小于下一行的值" 的数据

扫码看视频

创建近似匹配检索的要点

如果将VLOOKUP函数的第4个参数"检索方法"指定为TRUE,则可以执行近似匹配检索。这里,我们将购买金额作为检索值,从"指定值及以上且小于下一行的值"的区间中获取顾客等级。

正确执行近似匹配搜索的关键是,**在检索范围的第1列中以升序排列区间边界值**。需要注意的是,如果不按升序排列的话将无法准确检索。

在近似匹配搜索中,在"等于或大于指定值且小于下一行的值"的区间执行检索。例如,在下图的表中检索26000,则将返回"银",因为它对应于"大于等于20000且小于50000"的区间。如果检索值小于最小值(下图中的"小于0"),则返回错误值"#N/A"。

● 近似搜索用表的要点及读取方法

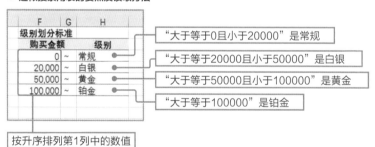

"大于等于0且小于20000"是常规

"大于等于20000且小于50000"是白银

"大于等于50000且小于100000"是黄金

"大于等于100000"是铂金

按升序排列第1列中的数值

格式　检索并提取值(VLOOKUP)

=VLOOKUP(检索值, 范围, 列号, [检索方法])　　检索

从"范围"的第1列中搜索"检索值",并返回找到的行的"列号"。如果将"检索方法"指定为FALSE,则执行完全匹配搜索;如果指定为TRUE或省略,则执行近似匹配搜索。

利用近似匹配检索从购买金额中获取客户级别

我们将按单元格C3中输入的购买金额查找客户级别。将VLOOKUP函数的第1个参数"检索值"指定为单元格C3。将第2个参数"范围"用绝对引用（p.19）指定为"级别划分标准"中的单元格范围F3:H6。将第3个参数"列号"指定为级别的列号3。将第4个参数"检索方法"指定为表示执行近似匹配搜索的TRUE。复制此公式可以获取每个客户的级别。

● 输入VLOOKUP函数获取客户级别

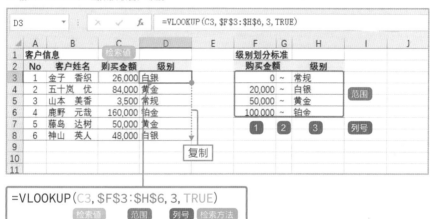

VLOOKUP函数的近似匹配搜索还可以用于对日期、字母进行检索。右图是查找与A列中输入的日期相对应的消费税税率。

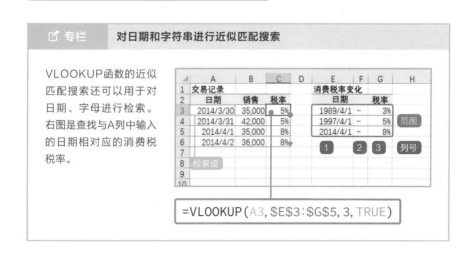

06 不只是"VLOOKUP"：其他检索函数

扫码看视频

使用MATCH函数找出数据在第几位

　　除了VLOOKUP函数，Excel还有一些其他检索函数。使用这些函数，有时可以使VLOOKUP函数的功能倍增，有时可以实现VLOOKUP函数很难进行的检索。在学习使用示例之前，我们先了解各个函数的基本用法。

　　MATCH函数是找出单元格范围内数据位置的函数。 下图是查找"香蕉"位于"水果"列（单元格范围B2:B5）中的位置的示例。将第1个参数"检索值"指定为"香蕉"，将第2个参数"检查范围"指定为单元格范围B2:B5，将第3个参数"匹配类型"指定为表示执行完全匹配搜索的0。

● 查找"香蕉"位于"水果"栏中的位置

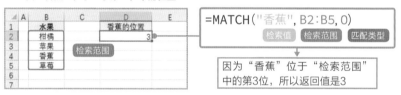

格 式　　查找数据位置（MATCH）

=MATCH(检索值, 检索范围, [匹配类型])　　　　

查找"检索值"位于"检索范围"的位置。若要用完全匹配进行检索，则将"匹配类型"指定为0。

匹配类型	说明
1或省略	检索小于等于"检索值"的最大值。按升序排列"检索范围"
0	检索与"检索值"相匹配的值。如果检索不到，则返回"#N/A"
−1	检索大于等于"检索值"的最小值。按照降序排列"检索范围"

使用INDEX函数查找单元格范围内第○行△列的单元格

INDEX函数是返回位于指定单元格范围内第○行△列的单元格的函数。
下图中，查找位于单元格范围B2:C5中的"第3行2列"的单元格。第3行2列是单元格C4，因此显示单元格C4的值61。

● 查找位于单元格范围B2:C5的"第3行2列"的单元格

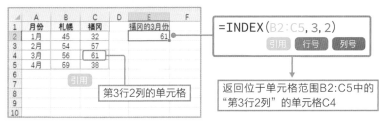

格式　返回第○行△列的单元格（INDEX）

=INDEX(引用,行号,[列号],[区域号])　检索

··

返回"引用"中"行号"和"列号"指定的位置的单元格。如果"引用"是1行或1列，则可以省略"列号"。将"行号"或"列号"指定为0，则返回对整列或整行的引用。"区域号"指定的是当"引用"中指定多个单元格范围时要检索的是第几个区域。

📋 专栏　　INDEX函数的返回值不是值是单元格引用

INDEX函数的返回值是单元格引用。上图中，INDEX函数的返回值看似是61，但"INDEX（B2:C5,3,2）"的返回值实际上是单元格C4，因此显示的是公式"= C4"的结果61。
由于INDEX函数的返回值是单元格引用，因此可以将其用作以单元格引用为参数的函数的参数。在空白单元格中输入"=ROW(INDEX(B2:C5,3,2))"。ROW函数是返回指定为参数的单元格的行号的函数。返回值"INDEX（B2:C5,0,2）"是单元格C4，也就是"=ROW（C4）"，结果是单元格C4的行号4。由此可知，INDEX函数的返回值是单元格引用C4，而不是61这个值。

使用INDIRECT函数将字符串转换为单元格引用

INDIRECT函数是将指定为参数的字符串转换为实际的单元格引用的函数。 它通常与名称（p.28）一起使用。例如，"INDIRECT（"池袋店"）的返回值是名称为"池袋店"的单元格范围。

由于返回值是单元格引用，因此可以将其用作以单元格引用为参数的函数的参数。下图中，"INDIRECT（G2）"被指定为SUM函数的参数，该函数计算单元格区域中数值的总和。由于在单元格G2中输入了"池袋店"，因此可以将名称为"池袋店"的单元格区域中的数值相加。如果将单元格G2的值更改为"上野店"，则将立刻重新计算名称为"上野店"的单元格范围的总和。总之，INDIRECT函数在切换目标单元格时很有用。

● 对单元格G2中输入的名称的单元格范围求和

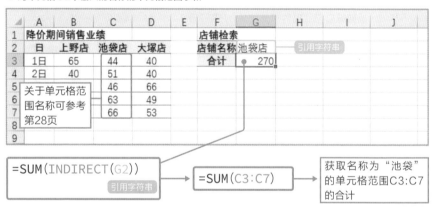

格 式　**将字符串转换为单元格引用（INDIRECT）**

=INDIRECT(引用字符串,[引用格式])　　　　检索

从指定为"引用字符串"的字符串返回实际的单元格引用。将"引用字符串"指定为单元格编号或名称等的字符串。

使用OFFSET函数移动／调整单元格范围

OFFSET函数可返回从引用单元格移动○行△列后的位置开始的●行▲列大小的单元格引用。例如，将参数指定为"OFFSET（A1,3,0,2,4）"，则返回从单元格A1移动3行0列的单元格A4开始，2行4列大小的单元格范围（单元格范围A4:D5）。将此值传递给SUM函数作为参数，则将对单元格范围A4:D5中的数值求和。

● 对从单元格A1开始移动3行0列的2行4列的单元格范围内的数值求和

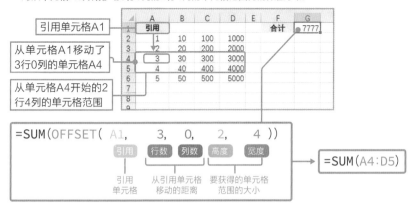

格　式　**移动/调整单元格范围（OFFSET）**

=OFFSET(引用,行数,列数,[高度],[宽度])　　　检索

返回以从"引用"单元格开始移动了"行数"行"列数"列的位置的单元格为起点指定的"高度"和"宽度"的单元格范围。如果将"行数""列数"指定为正数，则向右向下移动；如果指定负数，则向左向上移动；如果指定为0，则不移动。如果省略"高度"和"宽度"，则其大小将与"参考"相同。易变函数。

专栏　**什么是"易变函数"？**

此处介绍的INDIRECT和OFFSET函数是能执行重新计算的"易变函数"。在打开工作簿时会自动执行重新计算，所以，即使没有对工作簿进行任何更改，在关闭工作簿时也可能会弹出保存更改的提示消息。

07 根据条件自动切换检索对象表格

将表的名称传递给INDIRECT函数来切换检索对象表格

使用VLOOKUP函数只能指定一个检索对象表格，但是有时可能希望在多个表之间进行切换。本例中，如果"员工列表"的"工作地"列中的值为"东京"，则查找东京的部门列表，如果为"大阪"，则查找大阪的部门列表。**可将部门列表分别命名为"东京"和"大坂"，然后使用INDIRECT函数将"工作地"列中的字符串转换为单元格引用**。INDIRECT函数是将参数中指定的字符串转换为实际的单元格引用的函数。例如，在单元格E3中输入"东京"，并且将VLOOKUP函数的参数"范围"指定为"INDIRECT（E3）"，则将指定一个名为"东京"的单元格范围。

● 根据工作地切换要检索的表

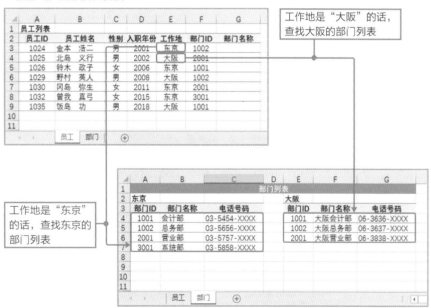

194

● 将INDIRECT函数指定为VLOOKUP函数的参数"范围"进行检索

选择东京的部门列表（单元格范围A4:C7）❶，在名称框中输入"东京"，按 Enter 键❷。同样的方法，将大阪的部门列表（单元格范围E4:G6）命名为"大阪"❸。

"INDIRECT(E3)"可以引用名为"东京"的单元格范围

将VLOOKUP函数的第1个参数"检索值"指定为单元格F3，第2个参数"范围"指定为"INDIRECT(E3)"，第3个参数"列号"指定为部门列表的部门名称的列号"2"，第4个参数"检索方法"指定为表示进行完全匹配搜索的FALSE❹，复制公式❺。

❹ =VLOOKUP(F3, INDIRECT(E3), 2, FALSE)
检索值　　　范围　　　列号　检索方法

格 式　检索表中数据（VLOOKUP），将字符串转换为单元格引用（INDIRECT）

=VLOOKUP(检索值, 范围, 列号, [检索方法])　检索

从"范围"的第1列搜索"检索值"，并返回找到的行的"列号"。将"检索方法"指定为FALSE时，执行完全匹配搜索，指定为TRUE或省略时，执行近似匹配搜索。

=INDIRECT(引用字符串, [引用格式])　检索

根据指定的"引用字符串"返回实际的单元格引用。将"引用字符串"指定为单元格编号或名称等的字符串。

第5章　表的检索和数据转换

195

08 自动获取检索对象范围：添加数据时无须修改公式

扫码看视频

利用OFFSET函数和COUNTA函数自动获取表的单元格范围

添加数据到检索对象表格时，必须修改VLOOKUP函数的第2个参数"范围"，这将会非常麻烦。 如p.30所述，如果将表转换为表格，那么在添加数据时不必修改公式，如果不能将共享表随意变换为表格，**则可以使用OFFSET函数自动获取表的单元格范围，从而可以即时从表的范围中检索。**

在此，自动获取下图"名单"工作表中表的单元格范围。使用COUNTA函数对A列中的数据进行计数，可以计算出表中的数据数量。在A列中，表标题输入在单元格A1中，而列标题输入到单元格A2中，因此从COUNTA函数的结果中减去2将得出表中的数据数量。

● 使用COUNTA函数获取在表中当前的数据数

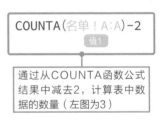

如果知道表中的数据数量，则可以将其传递给OFFSET函数来自动获取表的单元格范围。将OFFSET函数的第1个参数"引用"指定为客户数据的第1个单元格A3。由于没有必要移动"引用"的单元格，因此可以将第2个参数"行号"和第3个参数"列号"指定为0。将第4个参数"高度"指定为"COUNTA（名单！A:A）-2"，将第5个参数"宽度"指定为5，即可以返回客户数据的单元格范围（A3:E5）。

OFFSET（名单!A3, 0, 0, COUNTA（名单!A：A）-2, 5）
　　　　　　　引用　　行数　列数　　　　　　高度　　　　　宽度

要在自动获取的表的单元格范围执行检索，需将上述OFFSET函数公式指定为VLOOKUP函数的第2个参数"范围"。复制公式时，为避免引用的单元格A3发生变化，要使用绝对引用对其进行固定。

● 指定OFFSET函数公式为VLOOKUP函数的第2个参数"范围"

=VLOOKUP(D3, OFFSET(名单！$A$3, 0, 0, COUNTA(名单！A:A)−2, 5), 2, FALSE)
　　　　　检索值　　　　　　　　　　　　范围　　　　　　　　列号　检索方法

将单元格D3指定为VLOOKUP函数的第1个参数"检索值"，将第2个参数"范围"指定为OFFSET函数公式，将第3个参数"列号"指定为客户名单中姓名的列号2，将第4个参数"检索方法"指定为表示完全匹配搜索的FALSE。将数据添加到客户名单时，新添加的数据会自动变为检索的对象。

格 式　　**本例使用的函数**

=VLOOKUP(检索值, 范围, 列号, [检索方法])　　　　检索

……………………………………………………………………………
从"范围"的第1列搜索"检索值"，并返回找到的行的"列号"。将"检索方法"指定为FALSE时，执行完全匹配搜索，指定为TRUE或省略时，执行近似匹配搜索。
─────────────────────────────────────

=OFFSET(引用, 行数, 列数, [高度], [宽度])　　　　检索

……………………………………………………………………………
返回从"引用"单元格开始移动了"行数"行"列数"列的位置的单元格为起点指定的"高度"和"宽度"的单元格范围。如果将"行数"和"列数"指定为正数，则向右向下移动；如果指定负数，则向左向上移动；如果指定为0，则不移动。如果省略"高度"和"宽度"，则其大小将与"参考"相同。易变函数。
─────────────────────────────────────

=COUNTA(值1, [值2], …)　　　　统计

……………………………………………………………………………
获取"值"中包含的数据的数量。未输入的单元格不计算在内。最多可指定255个"值"。

09 查找产品名称 对应的产品ID

扫码看视频

使用MATCH函数查找产品名称的位置

在一般的表中，产品ID通常位于表的左侧，详细数据位于表的右侧。因此，当我们想要用产品名称中反向查找产品ID时，使用VLOOKUP函数无法实现。反向查找需要嵌套使用INDEX函数和MATCH函数。

MATCH函数是查找数据位于单元格范围内位置的函数。下图中将查找"咖啡礼物"（单元格G2）位于"产品名称"列（单元格范围B3:B10）的第几位。

将第1个参数"检查值"指定为单元格G2，将第2个参数"检查范围"指定为单元格范围B3:B10，将第3个参数"匹配类型"指定为执行完全匹配的0。因为"咖啡礼物"位于"产品名称"列中的第4位，所以MATCH函数的返回值为4。

● 找出"咖啡礼物"位于"产品名称"列中的哪个位置

	A	B	C	D	E	F	G	H	I
1	产品列表	检查范围				反向检索			
2	产品ID	产品名称	单价	分类		商品名	咖啡礼物	检查值	
3	C101	产品目录松	10,000	产品目录		商品ID		4	
4	C102	产品目录竹	8,000	产品目录					
5	C103	产品目录梅	5,000	产品目录					
6	D101	咖啡礼物	3,000	饮料		"咖啡礼物"位于"检查范围"的第4位			
7	D102	什锦红茶	4,000	饮料					
8	D103	什锦铭茶	4,500	饮料					
9	S101	什锦果冻	4,800	洋点心					
10	S102	什锦烘焙食品	3,000	洋点心					
11									

H3 = =MATCH(G2,B3:B10,0)

=MATCH(G2, B3:B10, 0)
检查值　检查范围　匹配类型

使用INDEX函数查找产品ID

要获取"咖啡礼物"的产品ID，需要使用INDEX函数查找产品列表中"产品ID"列（单元格范围A3:A10）中的第4个值。

INDEX函数是返回指定单元格范围内第○行△列的单元格的函数。我们可以将第1个参数"引用"指定为单元格范围A3:A10,将第2个参数"行号"指定为4,执行公式"=INDEX(A3:A10,4)"。也可以直接在INDEX函数的第2个参数"行号"中指定MATCH函数。

● 查找"产品ID"列中的第4个数据

第5章 表的检索和数据转换

格 式   查找数据的位置(MATCH),返回第○行△列的单元格(INDEX)

=MATCH(检查值,检查范围,[匹配类型])   检索

查找"检查值"位于"检查范围"的位置。要用完全匹配进行检索,需要将"匹配类型"指定为0。(参数表p.190)

=INDEX(引用,行号,[列号],[区域号])   检索

返回"引用"中"行号"和"列号"指定的位置的单元格引用。如果"引用"是1行或1列,则可以省略"列号"。将"行号"或"列号"指定为0,则返回对整列或整行的引用。"区域号"指定的是当在"引用"中指定多个单元格范围时要检索的是第几个区域。

10 指定行和列的标题 提取位于交叉点的数据

扫码看视频

根据产品编号和层数获取彩盒的价格

接下来我们介绍通过指定行标题和列标题来提取交点数据的方法。

产品的编号输入在了下图的"彩盒价格表"的第1列。另外，第1行输入了产品的层数。我们试着创建一种在单元格B2中输入产品编号，单元格B3中输入层数后自动查找相应产品的价格的机制。下图中我们在单元格B2中输入了CB103，在单元格B3中输入了"3层"，我们的目的是通过价格表的行和列的标题来查找2230这一数值。

● 查找产品编号为CB103，层数为"3层"的产品的价格

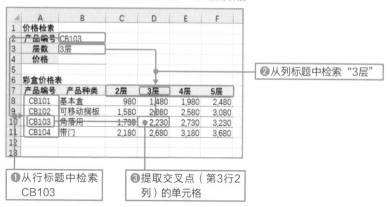

要在行标题中检索CB103，需将MATCH函数的第1个参数"检索值"指定为单元格B2，将第2个参数"检索范围"指定为单元格范围A8:A11，将第3个参数"匹配类型"指定为表示执行完全匹配搜索的0。因为CB103在第3行，所以结果为3。同样的，使用MATCH函数在"层数"列标题中检索"3层"以获取列数，由于"3层"位于第2列，所以结果为2。

如果将这两个MATCH函数公式的结果传递给INDEX函数，则可以从价格的单元格范围中获取第3行2列中的值。将INDEX函数的第1个参数"引用"指定为价格的单元格范围C8:F11，将第2个参数"行号"和第3个参数"列号"指定为上述的MATCH函数公式。

● 使用INDEX函数从价格栏中取出第3行2列的值

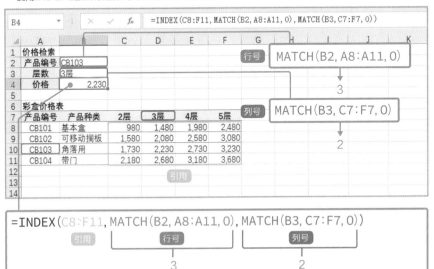

　格 式　　查找数据的位置（MATCH），返回第○行△列的单元格（INDEX）

=MATCH(检查值, 检查范围, [匹配类型])　　　　　　　　　　　　检索

查找"检查值"位于"检查范围"的位置。要用完全匹配进行检索，需要将"匹配类型"指定为0。（参数表p.190）

=INDEX(引用, 行号, [列号], [区域号])　　　　　　　　　　　　检索

返回"引用"中"行号"和"列号"指定的位置的单元格引用。如果"引用"是1行或1列，则可以省略"列号"。将"行号"或"列号"指定为0，则返回对整列或整行的引用。"区域号"指定的是当在"引用"中指定多个单元格范围时要检索的是第几个区域。

11 姓名读音也可以检索

扫码看视频

使用PHONETIC函数

输入汉字到单元格后，汉字的读音信息将与汉字一起存储在单元格中。接下来介绍如何查找汉字的读音信息。

首先，我们看一下PHONETIC函数的使用方法。**如果我们将输入了姓名的单元格指定为PHONETIC函数的参数，即可提取姓名的读音**。例如，使用公式"=PHONETIC（B5）"，就可获取输入到单元格B5中的"所启太"的读音。

● **使用PHONETIC函数可以取出单元格的读音信息**

注意，PHONETIC函数提取文本字符串的拼音字符，只适用于日文版Excel。该函数在中文版Excel中用于连接文本。

格 式	**获取单元格的读音（PHONETIC）**

=PHONETIC（引用）   信息

....

返回指定为"引用"的单元格的读音（日文版本Excel）；连接某个区域的文本（中文版本Excel）。

嵌套使用INDEX+MATCH函数查找读音

使用会员号作为检索值来查找姓名时，因为指定姓名的单元格（此处为单元格F3）不包含读音信息，所以即使使用公式"=PHONTIC（F3）"，也无法获得姓名的读音。

要获取姓名的读音信息，必须将包含读音信息的原始单元格指定为PHONTIC函数的参数。这时需要用到INDEX和MATCH函数。

因为INDEX函数的返回值是单元格引用，所以，如果将由会员号查找出的返回值的单元格引用指定为PHONETIC函数的参数，就可从相应的单元格中读取汉字读音。 INDEX函数的使用方法，请参照p.198。另外，我们还可以使用VLOOKUP函数从会员号中查找姓名，但需注意的是，VLOOKUP函数的返回值不是单元格引用，而是姓名的值本身，所以不能将其指定为PHONETIC函数的参数。

● 使用INDEX+MATCH检索单元格并传递给PHONETIC函数

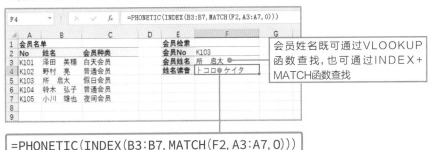

=PHONETIC(INDEX(B3:B7,MATCH(F2,A3:A7,0)))

公式"INDEX(B3:B7,MATCH(F2:A7,0))"的返回值是对应于单元格F2中输入的会员号的姓名的单元格B5。通过将其指定为PHONETIC函数的参数，可以获取输入到单元格B5中的姓名的读音。

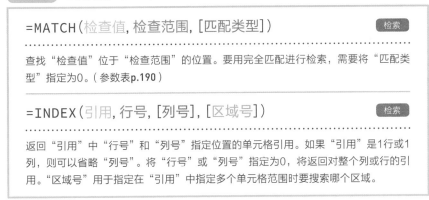

格式　　查找数据的位置（MATCH），返回第○行△列的单元格（INDEX）

=MATCH(检查值, 检查范围, [匹配类型])　　　　　　检索

查找"检查值"位于"检查范围"的位置。要用完全匹配进行检索，需要将"匹配类型"指定为0。（参数表p.190）

=INDEX(引用, 行号, [列号], [区域号])　　　　　　检索

返回"引用"中"行号"和"列号"指定位置的单元格引用。如果"引用"是1行或1列，则可以省略"列号"。将"行号"或"列号"指定为0，将返回对整个列或行的引用。"区域号"用于指定在"引用"中指定多个单元格范围时要搜索哪个区域。

12 从表的特定列中
无重复地提取数据

扫码看视频

无重复地提取都道府县名

　　有时我们需要从包含重复数据的列中无重复地提取各个数据。**使用函数提取数据的优点是当原始数据更改时提取出的数据会自动更新。**

　　这里我们试着无重复地提取出销售表中输入的都道府县的名称。**从上面开始按顺序检查，只取出第1次出现的都道府县的名称。**按都道府县来汇总销售额会比较方便。

● 无重复地从"送货地址"栏中提取出都道府县名

▲	A	B	C	D	E	F	G	H	I	J
1	线上销售记录					按都道府县汇总				
2	日期	送货地址	销售额			No	都道府县	销售额		
3	4月1日	东京都	25,800	1	→	1	东京都	54,700	从"送货地址"栏中无重复地提取出都道府县名	
4	4月3日	千叶县	13,700	2		2	千叶县	47,100		
5	4月3日	神奈川县	24,800	3		3	神奈川县	34,000		
6	4月7日	千叶县	9,000			4	埼玉县	11,000		
7	4月10日	东京都	16,000			5	福岛县	17,000		
8	4月11日	千叶县	24,400							
9	4月15日	埼玉县	11,000	4						
10	4月18日	神奈川县	9,200							
11	4月20日	福岛县	17,000	5		仅提取第1次出现的都道府县名，第2次及以后出现的不提取				
12	4月22日	东京都	12,900							
13										

为第1次出现的都道府县添加序列号并提取出

　　为提取数据，我们需要在销售表的一侧添加一个操作列，并仅为首次出现的都道府县添加序列号。第2个及以后出现的都道府县不添加序列号。仅提取出有序列号的数据，则可以无重复地提取所有数据。

● 为首次出现的都道府县添加序列号

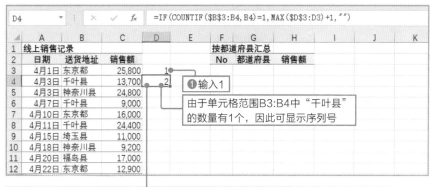

❷ =IF(COUNTIF($B$3:B4, B4)=1, MAX($D$3:D3)+1, "")

逻辑表达式	如果为真	如果为假
当前都道府县的 出现次数为1	显示"截止到前面 一行的最大值+1"	不显示

首先输入首次出现的都道府县的序列号，在第1个单元格中输入1❶。在第2个单元格中输入IF函数公式
❷。"逻辑表达式"中的"COUNTIF($B$3:B4,B4)"的意思是"单元格范围B3:B4中的都道府县数与单
元格B4相同"，即如果"当前行的都道府县的出现次数"是1，则可以判断它是第1次出现。在这种情况
下，会显示"截止到前面一行的最大值加1"所得到的值。

COUNTIF函数的参数"$B$3:B4"和MAX函数的参数"$D$3:D3"均是将起点指定为绝对引用，终点
指定为相对引用。这是一种在复制公式时逐行扩展单元格范围的指定方法（p.20）。

| D9 | : | × | ✓ | fx | =IF(COUNTIF($B$3:B9,B9)=1,MAX($D$3:D8)+1,"") | | | | | |

	A	B	C	D	E	F	G	H	I	J	K
1	线上销售记录					按都道府县汇总					
2	日期	送货地址	销售额			No	都道府县	销售额			
3	4月1日	东京都	25,800	1							
4	4月3日	千叶县	13,700	2							
5	4月3日	神奈川县	24,800	3							
6	4月7日	千叶县	9,000								
7	4月10日	东京都	16,000								
8	4月11日	千叶县	24,400								
9	4月15日	埼玉县	11,000	4		❸复制					
10	4月18日	神奈川县	9,200								
11	4月20日	福岛县	17,000	5							
12	4月22日	东京都	12,900								
13											
14											

❹ =IF(COUNTIF($B$3:B9, B9)=1, MAX($D$3:D8)+1, "")

将第2个单元格中的公式复制到表格的下端❸。例如，单元格D9的公式中，单元格范围B3:B9内的"埼玉
县"的数量为1，因此单元格D9的结果为单元格范围D3:D8中的最大值3加1，即4❹。序列号仅被分配给
了首次出现的都道府县。

❶ =IF(ROW(A1)<=MAX($D$3:$D$12),**ROW(A1),"")**

逻辑表达式	如果为真	如果为假
以1开始的序列号小于等于 单元格范围D3:D12的最大值	显示以1 开始的序列号	不显示

接下来，提取出首次出现的都道府县。在No栏中显示与要检索的都道府县数相同的序列号。通常，当我们在单元格中输入"ROW（A1）"并向下复制时，参数将依次变为A2、A3、A4……序列号显示为1、2、3、4……为使操作列中的序列号显示到最大值（5），我们套入IF函数❶。

复制此公式到适当的行数。这里，为使销售表中没有重复的都道府县，我们复制公式到与销售表相同的行数❷。

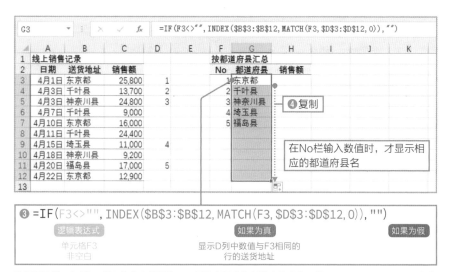

❸ =IF(F3<>"",**INDEX($B$3:$B$12,MATCH(F3,$D$3:$D$12,0)),"")**

逻辑表达式	如果为真	如果为假
单元格F3 非空白	显示D列中数值与F3相同的 行的送货地址	

使用IF函数，如果No栏不为空白单元格，可提取出相应的都道府县❸❹。使用INDEX和MATCH函数执行检索。使用方法请参照p.198。

若参考p.296设置条件格式，可只在包含数据的行上自动显示边框

提取出的都道府县可以作为汇总的标题使用❺。

如果更改表的数据，汇总表的数据将会根据输入的都道府县数而增减，汇总结果也会随之改变。

❺ =IF(F3<>"", SUMIF($B$3:$B$12, G3, $C$3:$C$12), "")

格 式 这里使用的函数

=IF(逻辑表达式, [如果为真], [如果为假])　　　`逻辑`

当"逻辑表达式"为TRUE（真）时，返回 "如果为真"的值，为FALSE（假）时，返回"如果为假"的值。

=COUNTIF(条件范围, 条件)　　　`统计`

从"条件范围"中检索与"条件"相匹配的数据并返回其数量。

=MAX(数值1, [数值2], …)　　　`统计`

求"数值"的最大值。可以将数值、单元格、单元格范围指定为"数值"。最多可指定255个"数值"。

=ROW([引用])　　　`检索`

获取"引用"中指定的单元格的行号。如果省略了"引用"，则可获取输入了公式的单元格的行号。

13 从表中无遗漏地提取符合条件的数据

扫码看视频

提取指定的客户名称的所有销售数据

首先介绍从表中提取出所有符合指定条件的数据的方法。

这里，我们以在单元格G2中输入的客户名称为条件，从销售表中提取出所有该客户的销售数据。在销售表中为该客户数据分配一个序列号，并根据该序列号进行检索。

● 查找符合条件的客户数据

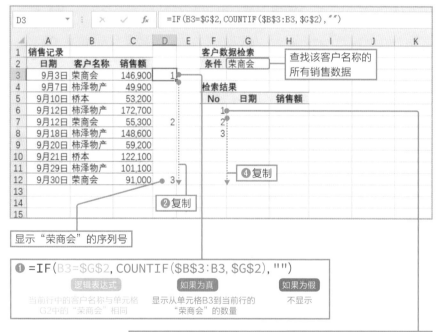

使用IF函数，当单元格G2的"荣商会"与当前行的客户名称相同时，则会显示从"客户名称"栏的第1个单元格到当前行的"荣商会"的数量❶❷。后续操作步骤与p.206相同。首先，在No列中显示"荣商会"的数据数量的序列号❸❹。

208

⑤ =IF(F6<>"", INDEX($A$3:$A$12, MATCH(F6, $D$3:$D$12, 0)), "")

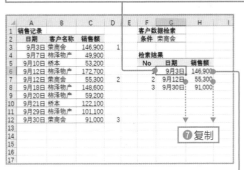

⑥ =IF(F6<>"", INDEX($C$3:$C$12, MATCH(F6, $D$3:$D$12, 0)), "")

使用INDEX函数和MATCH函数进行检索⑤⑥,并复制公式到适当数量的行⑦。如果改变单元格G2的
客户名称,检索结果也会自动更改⑧。另外,参考p.296设置条件格式,可以只在有数据的行上自动显示
边框。

格式   **本例使用的函数**

=IF(逻辑表达式, [如果为真], [如果为假])　　　　　　　逻辑

当"逻辑表达式"为TRUE(真)时,返回 "如果为真"的值,为FALSE(假)
时,返回"如果为假"的值。

─────────────────────────────────────

=COUNTIF(COUNTIF, 条件)　　　　　　　　　　　　统计

从"条件范围"中检索与"条件"相匹配的数据并返回其数量。

─────────────────────────────────────

=MAX(数值1, [数值2], …)　　　　　　　　　　　统计

求"数值"的最大值。可以将数值、单元格、单元格范围指定为"数值"。最多可指
定255个"数值"。

─────────────────────────────────────

=ROW([引用])　　　　　　　　　　　　　　　　　搜索

获取"引用"中指定的单元格的行号。如果省略了"引用",则可获得输入了公式的
单元格的行号。

14 跳至新空白行 以便输入新数据

单击切换第1行和新空白行

　　使用HYPERLINK函数可创建跳转到目标单元格的机制，从而一键切换激活单元格。

　　这里，我们创建一种单击"新输入行"字符跳到新空白行，单击"第一行"字符跳到第1行的机制。为了始终显示工作表的第1行至第3行，我们在工作表中设置了"视图"选项卡的"冻结窗格"。

● 要创建这种机制

❷工作表将会自动滚动并选择新空白行的单元格

❸单击此处可选择第一行的单元格A4

创建跳转到目标单元格的机制

　　HYPERLINK函数是创建超链接的函数。要创建跳到特定单元格的超链接，需要为第1个参数"链接地址"指定"#单元格号"，为第2个参数"别名"指定要在该单元格中显示的字符串。

210

● 创建跳到第一行（单元格A4）的机制

创建跳到单元格A4的超链接将HYPERLINK函数的第1个参数"链接地址"指定为""#A4""，将第2个参数"别名"指定为""第1行""。然后，在输入了函数的单元格中显示"第一行"，并自动设置了下划线和蓝色字符格式。单击可以跳到单元格A4。

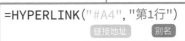

创建跳转到新空白行的机制，需要先确认新空白行的行号。使用COUNTA函数查找A列的数据数，并将空白单元格A2和新空白行的数据数量计算在内，加2，得到新输入行的行号。链接地址的单元格号可表示为""#A"&COUNTA(A:A)+2"。

● 创建跳转到新空白行的机制

创建可以跳到新空白行的超链接。另外，单击并长按有超链接的字符直到鼠标指针变为十字形，可选择带有超链接的单元格。

第5章 表的检索和数据转换

格式　创建超链接（HYPERLINK），获取数据数量（COUNTA）

=HYPERLINK(链接地址,[别名])　　　　　　　　　　检索
···
创建跳转到"链接地址"的超链接。要使其跳转到单元格，需要以""#A""""#Sheet1!A1""的形式来指定"链接地址"。"别名"用于指定要在单元格中显示的字符串。如果省略，则显示"链接地址"。

―――――――――――――――――――――――――――――――――――――

=COUNTA(值1,[值2],…)　　　　　　　　　　　　　统计
···
获取"值"中包含的数据数量。未输入的单元格不计算在内。最多可指定255个"值"。

在VLOOKUP函数中，要指定检索对象的表作为函数参数时，通常可以将表的单元格范围指定为检索对象，但也可以指定"数组常数"而不是单元格范围作为检索对象。数组常数是这样的一组数据，列由"，"（逗号）分隔，行由"；"（分号）分隔，而数组常数整体被包在"{}"（花括号）中。

例如，数组常数"{1,"正式会员";2,"准会员";3,"赞助会员"}"表示3行2列的表。使用数组常数，我们可以使用函数公式进行检索，而不必特意在单元格中输入用于检索的表。但是，如果表很大或者表的内容可能会更改，最好在单元格范围中输入表并指定。

● **数组常数**

分类No	会员分类
1	正式会员
2	准会员
3	赞助会员

此表由数组常量表示如下：
{ 1,"正式会员"; 2,"准会员"; 3,"赞助会员"}

● **将单元格范围指定为VLOOKUP函数的"范围"参数**

=VLOOKUP(B3, D2:E4, 2, FALSE)

● **将数组常量指定为VLOOKUP函数的"范围"参数**

=VLOOKUP(B3, {1, "正式会员"; 2, "准会员"; 3, "赞助会员"}, 2, FALSE)

第 **6** 章

日期和
时间计算

Calculating Date and Time

01 了解Excel中的日期/时间：序列值的秘密

什么是"序列值"？

如果在单元格中输入日期或时间，Excel会将该日期或时间转换为数值进行保存，该数值就叫作"序列值"。**日期的序列值将"1900/1/1"计为1整数的序列号**。例如，"2019/3/31"的序列值是43555，第二天"2019/4/1"的序列值为43556。当"2019/4/1"减去"2019/3/31"时，结果为1，因为"43556-43555"的结果为1。由于序列值1代表着一天，因此可以通过日期的减法运算来快速计算天数。

序列值1表示1天，1天是24小时，因此**时间的序列值以小数表示，24个小时为1**。例如，"6:00"的序列值为0.25。另外，"2019/3/31 6:00"的序列值是"43555.25"，它是日期序列值和时间序列值的和。

如上所述，Excel会将日期和时间视为被称为"序列值"的数值来处理。理解序列值对使用函数计算日期和时间至关重要。

● 日期的序列值

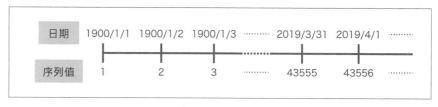

● 时间的序列值

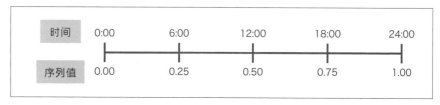

序列值和数字格式

对于Excel来说，数值43555与日期"2019/3/31"是相同的值。数值可直接显示在单元格中，也可显示为日期，这取决于"数字格式"。数字格式是一种在不改变单元格的值的情况下改变其外观的一种功能。如果在单元格中设置了日期格式，则会显示为日期，如果设置了"常规"（初始状态的单元格显示格式）或"数值"格式，则会显示为数值。

我们将输入了日期的单元格设置成"常规"显示格式，日期将会变为序列值。

● 将日期设置为"常规"数字格式后日期变成了序列值

❸显示序列值

选择输入了日期的单元格❶，从"开始"选项卡的"数字格式"列表中选择"常规"选项❷，日期即变成序列值❸。

📝 专栏　**"1900/3/1"或之后才能进行准确的必要计算**

Excel可以处理从"1900/1/1"到"9999/12/31"的日期。但实际上，这个日期范围中有一个不存在的日期"1900/2/29"。由于Excel为"1900/2/29"分配了序列值，因此，在该日期的前后进行日期的减法运算时，结果会比实际值大1。

但是，在"1900/3/1"之后的日期之间进行计算时可以正确计算，因此在一般的运算中不会出现问题。

相反，如果将输入数值的单元格设置成日期格式，则该数值会显示为日期。

● 将数值设置为"日期"格式后数值变为日期

选择输入了数值的单元格❶，然后在"开始"选项卡的"数字格式"中选择"短日期"选项❷，单元格显示为日期❸。

将日期指定为函数的参数

有一些函数可以将日期作为参数。例如，MONTH函数可从日期中查找月份。将日期指定为此类函数的参数时，可以指定序列值或用""""（双引号）围住的日期或输入了日期的单元格。DATE函数可以根据年、月、日的数值创建日期数据。

以下几个公式均为计算"2019/3/31"的月份的数值的公式，返回值为3。我们假定已经在单元格A1中输入了"2019/3/31"。

- =MONTH（43555）
- =MONTH（"2019/3/31"）
- =MONTH（A1）
- =MONTH（DATE（2019,3,31））

另外，在逻辑表达式中指定日期时，不能使用"A1="2019/3/31""这种用""""括起日期的指定方法要使用p.220中介绍的DATE函数。

当函数的返回值为序列值时

有的计算日期的函数返回日期作为结果，也有的函数返回序列值作为结果。例如，在初始状态的单元格中输入DATE函数，将自动应用日期的格式，并且显示在单元格中。

相反，输入求月份最后一天的EOMONTH函数公式后，序列值将按原样显示在单元格中。要正确显示日期，需要手动设置日期的数字格式。

● 函数返回序列值时手动设置"日期"格式

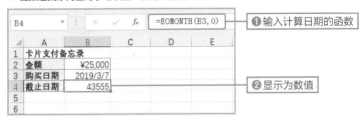

❶输入计算日期的函数

❷显示为数值

❸设置日期格式后，可以正确显示

本例使用函数计算日期❶，但是结果显示为数值43555❷。选择该单元格，然后从"开始"选项卡的"数字格式"列表中选择日期格式，即会显示与序列值43555相对应的日期❸。

> 📑 笔记
>
> 如果在日期上加上一个数值或从日期中减去一个数值，系统将会求出○日后或○日前的日期，但是，根据日期的指定方法，结果有时会显示为序列值。设置日期格式后会显示正确的结果。
> 另外，从某日期中减去某个日期可以用来计算天数，但是，有时会根据日期的指定方式显示出日期。出现这种情况的话，设置"常规"的数字格式，即可正确显示天数。

将时间设置为以小时来表示

"分钟"在57、58、59之后，不会变为60，而是变为0，"小时"则会增加1。另外，"小时"在22、23小时之后不会变为24，而是变为0，日则会增加1。这看上去似乎理所当然，但是在计算时间时一定要注意。例如，如果每天工作"6:00"个小时，连续工作5天，那么总的工作时间变为了"6:00"，而不是"30:00"。若要显示为"30:00"，必须使用表示时长的格式符号"［h］"来更改数字格式。

● 将显示为时间的数据转换为"时长"

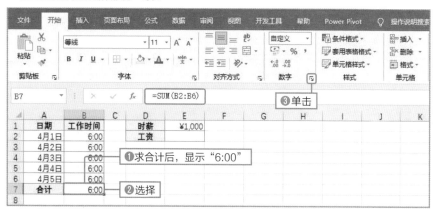

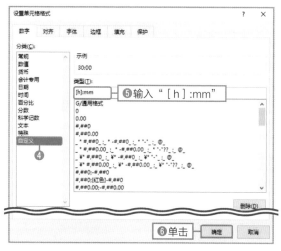

当求出合计后，显示的是"6:00"，而不是"30:00"❶。选择单元格❷，然后单击"开始"选项卡的"数字"右下角的小按钮❸。

弹出"设置单元格格式"对话框，切换至"数字"选项卡。在"分类"栏中选择"自定义"❹，输入表示时长的格式符号"［h］：mm"❺，单击"确定"按钮❻。

工作时间的合计正确显示为"30:00"❼。

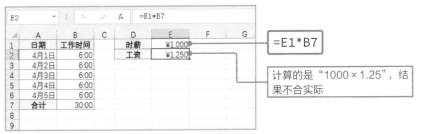

⑦ 正确显示为了"30:00"

📝 笔记

设置自定义的数字格式，参考 p.277 中的表。

另外，用时薪和工作时间相乘计算工资时也必须要注意，"30:00"实际是表示"1天6小时"的序列值1.25，如果按原样将时薪乘以"30:00"的话，那么最终会得到工作了仅1.25个小时的计算结果。

● "时薪×工作时间"计算错误

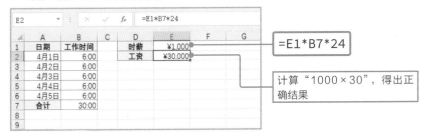

=E1*B7

计算的是"1000×1.25"，结果不合实际

由于序列值1表示"24小时"，因此可以计算出序列值"1.25 × 24 = 30小时"。也就是说，在计算工资时，必须以"时薪 × 30:00 × 24"的公式来进行计算。

● "时薪×时间×24"才是正确结果

=E1*B7*24

计算"1000×30"，得出正确结果

02 获取指定年月的最后一天 或第二个月某日的日期

扫码看视频

求本月5日或下个月5日

使用DATE函数，可以基于特定的年份和月份轻松算出日期，例如"一个月的最后一天"或"下个月5日"，本例计算"2019年11月的最后一天"和"2019年11月的下个月5日"。

DATE函数通过"年""月""日"这3个参数创建日期。使用DATE函数，可以轻松计算特定年月的"本月某日"。例如，要以单元格A2中输入的年份和单元格B2中输入的月份获取"本月5日"时，需将单元格A2指定为DATE函数的参数"年"，单元格B2指定为"月"，5指定为"日"。如果将参数"月"更改为"B2 +1"，则变为求"下个月5日"，如果将参数变为"B2 + 2"，则变为求"下下个月5日"。

● 计算"本月5日""下个月5日""下下个月5日"

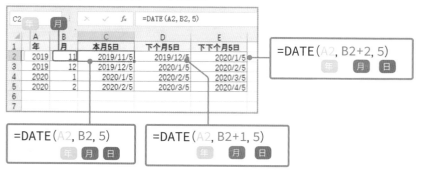

格 式　以年月日创建日期（DATE）

=DATE(年, 月, 日)　　　　　　　　　　　　　　　　日期

根据"年""月"和"日"的数值返回日期。

如果单元格B2的月份值为11或12，则"B2+1"和"B2+2"的结果可能会超过"12月"。如果我们指定的月份实际不存在，DATE函数会自动向上或向下移动，并按如下方式返回正确的日期。

- =DATE（2019,13,5）→2020/1/5（"13月"被认为是"下一年的1月"）
- =DATE（2019,14,5）→2020/2/5（"14月"被认为是"下一年的2月"）

获取月份的最后一天

如果为DATE函数的第3个参数"日"指定了一个不可能的数值，则系统会按以下方式进行自动调整。

- =DATE（2019,11,-1）→2019/10/30（将"-1日"视为"上月最后一天的前1日"）
- =DATE（2019,11,0）→2019/10/31（将"0日"视为"上月最后一天"）
- =DATE（2019,11,31）→2019/12/1（将31日视为"下月的1日"）
- =DATE（2019,11,32）→2019/12/2（将"32日"视为"下月的2日"）

如果将DATE函数的第3个参数"日"指定为0，则"0日"将会被视为"1日的前1天"，可以求取上个月的最后一天。换句话说，要获取目标年月的最后一天，可以指定该年月的下个月份以及"0日"。

● 求取"上个月的最后一天""本月的最后一天""下个月的月末"

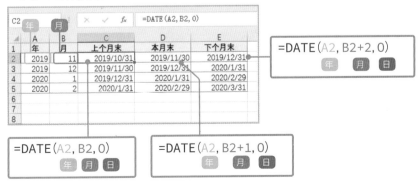

03 根据指定的日期求取月份的最后一天或下个月某日的日期

扫码看视频

使用EOMONTH函数求取月份的最后一天

获取"月份的最后一天"或"下个月的某日"时，如果以"年月"为基准的话，可以使用p.220中介绍的DATE函数。但是，如果以特定的日期为基准的话，则可以使用获取月份的最后一天的EOMONTH函数。

EOMONTH函数有两个参数"开始日期"和"月"，可以获取"开始日期"的那个"月"之前或之后的月份的最后一天。根据指定为参数的"月"的值可以确定要获取哪个月份的最后一天。

- =EOMONTH（开始日期,-2）→获取开始日期上上个月的最后一天
- =EOMONTH（开始日期,-1）→获取开始日期上个月的最后一天
- =EOMONTH（开始日期,0）→获取与开始日期相同月份的最后一天
- =EOMONTH（开始日期,1）→获取开始日期之后的月份的最后一天
- =EOMONTH（开始日期,2）→获取开始日期之后下下个月的最后一天

作为信用卡还款的截止日期，下图计算信用卡使用日期的那个月的最后一天。因为还款日的截止日期和使用日期的月份相同，所以可以将0指定为函数的参数"月"。

● 获取使用日期所在月份的最后一天的日期

=EOMONTH(A3, 0)
开始日期 月

由于EOMONTH函数的返回值显示为序列值，因此可参考p.216将其设置为"日期"数字格式

轻松获取下个月10日或下下个月10日的日期

使用EOMONTH函数可以轻松找到"上个月某日"或"下个月某日"。首先，**找到目标月份之前一个月的最后一天，然后添加天数**。例如，"本月10日"可通过在上个月的最后一天加上10来获取。另外，可通过在本月的最后一天加上10来获取"下个月的10日"，在下个月的最后一天加上10可获取"下下个月的10日"。

- =EOMONTH（开始日期，-2）+10→获取开始日期上个月的10日
- =EOMONTH（开始日期，-1）+10→获取与开始日期相同月份的10日
- =EOMONTH（开始日期，0）+10→获取开始日期之后的月份的10日
- =EOMONTH（开始日期，1）+10→获取开始日期之后的下下个月的10日

如果将要增加的天数从10更改为15，则可以计算"下个月15日"或"下下个月15日"。

下图求取的是购买日期后一个月的10日。将EOMONTH函数的参数"开始日期"指定为购买日期，将参数"月"指定为0，以查找本月的最后一天，并将计算得出的该月的最后一天加上10，即可得到下个月10日的日期。

● 查找购买日期之后的下一个月的10日

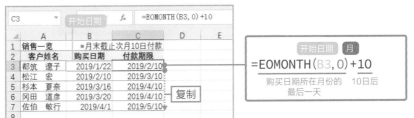

格 式　获取月份的最后一天（EOMONTH）

=EOMONTH（开始日期，月）　　　　　　　　　　日期

如果为"月"指定一个正数，则可以获取"开始日期"之后的月份的最后一天。如果指定为0，则可以获取"开始日期"当前月份的最后一天；如果指定为负数，则可以获取"开始日期"前的月份的最后一天。

04 获取不包括休息日和节假日的某个工作日后的日期

获取周末和节假日除外的3个工作日后的日期

本节介绍"在收到订单后5个工作日内交货""在签订合同后7个工作日内付款"等场合中，计算"某个工作日后"的WORKDAY函数和WORKDAY.INTL函数。

WORKDAY函数具有"开始日期""天数"和"节假日"这3个参数，该函数可获取从"开始日期"开始"某个工作日前/后"的日期，但不包括周六、周日和"节假日"。如果为"天数"指定一个负数，则日期为"某个工作日前"，如果指定为正数，则日期为"某个工作日后"。

下图日历中的红色日期是休息日，10/1（星期二）的3个工作日后是3天后的10/4（星期五）（左侧图），10/2（星期三）"的3个工作日之后，则是10/7（星期一），不包括周六和周日（右侧图）。如果使用WORKDAY函数，则可以快速执行此类"某个工作日后"的日期计算。

8月工作日日历

在下页的图中，我们计算输入到A列中的寄存日的3个工作日后的日期。作为准备，我们先在单元格中输入节假日和周年纪念日等除周六日以外的休息日。这样，即使我们输入了与星期六和星期日重叠的日期也没有关系。将WORKDAY函数的第1个参数"开始日期"指定为接手日期的单元格A3，并将第2个参数"天数"指定为3，表示"3个工作日后"。对于第3个参数"节假日",指定为输入了节假日的单元格范围D3:D4。为了复制公式时"节假日"单元格不会变化,采用绝对引用(p.19)来指定。

● **获取从接受日期开始第3个工作日后的日期**

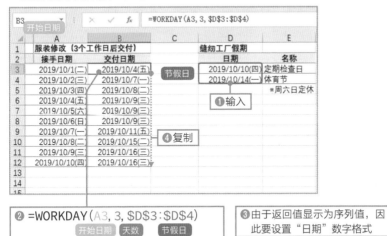

② =WORKDAY(A3, 3, $D$3:$D$4)
开始日期　天数　节假日

③由于返回值显示为序列值,因此要设置"日期"数字格式

输入休息日的日期❶。在表格的第一个单元格中输入公式❷,设置日期的数字格式❸,然后复制公式❹。计算"10/1(星期二)"的3个工作日后是"10/4(星期五)","10/2(星期三)"的3个工作日后是"10/7(星期一)"。

第6章 日期和时间计算

格 式　　**获取某个工作日前后的日期(WORKDAY)**

=WORKDAY(开始日期, 天数, [节假日])　　日期

以周六日以及被指定为"节假日"的日期作为休息日,计算从"开始日期"开始的"天数"之前 / 之后的工作日的日期。如果省略"节假日",则会只将周六周日视为休息日。

✓ 专栏　　**如何在单元格中显示日期和星期?**

选择日期单元格,参考p.218打开"设置单元格格式"对话框中的"数字"选项卡。在"分类"栏中选择"自定义",然后在"类型"栏中输入"yyyy/m/d(aaa)",则日期就可与星期共同显示,例如"2019/10/1(星期二)"。

获取除星期三和节假日的3个工作日后的日期

在WORKDAY函数中，周六日被认为是休息日。**如果我们将其他日子定为休息日的话，可以使用WORKDAY.INTL函数。WORKDAY.INTL函数的参数有4个，分别是"开始日期""天数""周末"和"节假日"。**对于该函数的第3个参数"周末"，可以使用下一页"专栏"中介绍的数值或0和1排列的字符串来指定作为定休日的日期。

下图中，将第3个参数"周末"指定为14，即把星期三作为休息日，计算接手日期的3个工作日后的日期。

● 获取接手日期3个工作日后的日期

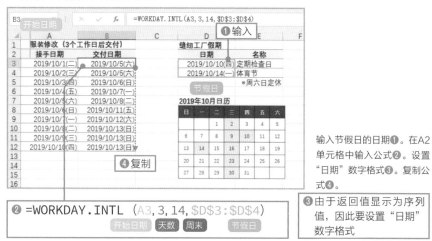

输入节假日的日期❶。在A2单元格中输入公式❷。设置"日期"数字格式❸。复制公式❹。

❸由于返回值显示为序列值，因此要设置"日期"数字格式

格式　指定休息日的日期并获取〇工作日前后的日期（WORKDAY.INTL）

=WORKDAY.INTL(开始日期, 天数, [周末], [节假日])　　　日期

使用"周末"中指定的星期和指定为"节假日"的日期作为休息日，计算从"开始日期"开始的"天数"之前／之后的工作日的日期。如果省略"周末"，则周六日为休息日。如果省略"节假日"，则只有周六日为休息日。（参数表p.227）

📖 专栏 ## WORKDAY.INTL和NETWORKDAYS.INTL函数的参数"周末"

WORKDAY.INTL函数和 NETWORKDAYS.INTL函数具有用于指定固定节假日的日期的参数"周末"。这两个函数都使用下表中的数值来指定"周末"。

数值	周末的星期	数值	周末的星期
1或者省略	周六和周日	11	只周日
2	周日和周一	12	只周一
3	周一和周二	13	只周二
4	周二和周三	14	只周三
5	周三和周四	15	只周四
6	周四和周五	16	只周五
7	周五和周六	17	只周六

如果想指定除上表以外的一周中的某一天，则可将工作日指定为0，将休息日指定为1，并将星期一至星期日用7个字符的字符串来指定。例如，如果星期一和星期三为休息日，则可将参数"周末"指定为"1010000"。

=WORKDAY.INTL(A3, 3, "1010000", $D$3:$D$4)

📖 专栏 ## 参数"节假日"的指定方法

我们可以在另外的工作表中输入一年内的休息日，用于计算每月的工作日。如果在"休息日"工作表的单元格范围A3:A25中输入了节假日，则公式如下。

=WORKDAY.INTL(A3, 3, 14, 休日!$A$3:$A$25)

另外，也可以在公式中指定休息日，而无须在单元格中输入。这时，需要用","（逗号）分隔""""（双引号）中的日期，并用"{ }"（花括号）将整个日期括在一起。

=WORKDAY.INTL(A3, 3, 14, {"2019/10/10", "2019/10/14"})

05 获取指定期间不包括休息日和节假日的工作日数

扫码看视频

获取不包括周末和节假日的工作日数

要获取从作业工程的开始日期到结束日期的实际工作的天数，可使用 NETWORKDAYS函数或者NETWORKDAYS.INTL函数。

NETWORKDAYS函数具有3个参数，即"开始日期""结束日期"和"节假日"，可以获取不包括周六、周日、"节假日"的从"开始日期"到"结束日期"的工作日数。

下面的工程表中，使用NETWORKDAYS函数获取各个工程的工作日数。在参数中分别将"开始日期"和"结束日期"指定为函数参数，并通过绝对引用（p.19）将输入了周六和周日以外的节假日的单元格范围指定为参数"节假日"。例如，B工程从10月4日至10月8日的天数是5天，但是这期间包括了周六和周日，因此实际工作天数是3日。

● 获取从开始日期和结束日期的工作天数

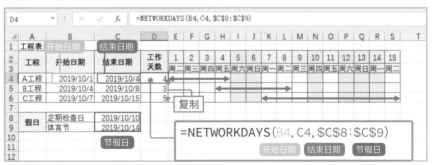

格 式　　**获取工作日数（NETWORKDAYS）**

=NETWORKDAYS(开始日期, 结束日期, [节假日])　　

将指定为周六和周日及"节假日"的日期定为休息日。获取从"开始日期"到"结束日期"的工作日数。如果省略"节假日"，则只有周六和周日为休息日。

获取除星期三和节假日之外的工作日数

若将周六日以外的其他日期定为休息日获取从开始日期到结束日期的工作日数，则可使用NETWORKDAYS.INTL函数。该函数有4个参数，分别是"开始日期""结束日期""周末"和"节假日"。对于第3个参数"周末"，可通过在p.227的"专栏"中介绍的由0和1组合的字符串来指定休息日的日期。下图中，将第3个参数"周末"指定为14，将周三视为定休日，计算各工程的工作日数。

● 获取从开始日期到结束日期的工作天数

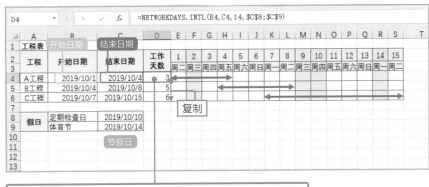

=NETWORKDAYS.INTL(B4,C4,14,$C$8:$C$9)

开始日期　结束日期　周末　节假日

格 式　指定周几为定休日并获取工作日数（NETWORKDAYS.INTL）

=NETWORKDAYS.INTL(开始日期,结束日期,[周末],[节假日])

日期

将"周末"指定的日期和"节假日"指定的日期作为休息日并获取从"开始日期"到"结束日期"的工作天数。如果省略"周末"，则周六和周日为休息日。如果省略"节假日"，则仅"周末"为休息日。（参数表p.227）

06 获取月初或月末的工作日和每个月的工作天数

扫码看视频

获取每月除周末节假日外的第一天和最后一天

这里我们计算指定的"年"和"月"的第一个工作日、最后一个工作日以及工作日数并创建列表。

要获取每个月的第一个工作日，可以使用WORKDAY函数计算"上个月最后一天之后的第一个工作日"。以2019年4月为例，我们只需要求出"2019/3/31"的下一个工作日即可。

首先，我们计算"上个月的最后一天"。由于"上个月的最后一天"是"本月1日的前一天"，因此我们将DATE函数的第1个参数"年"指定为输入了2019的单元格A3，将第2个参数"月"指定为输入了4的单元格B3。将第3个参数"日"指定为表示"1日的前一天"的0，即可以用"DATE（A3,B3,0）"来获取。将其指定为WORKDAY函数的第1个参数"开始日期"，将第2个参数"天数"指定为表示"一个工作日后"的1，将第3个参数"节假日"以绝对引用指定为休息日的单元格。

● 获取每月的第一个工作日

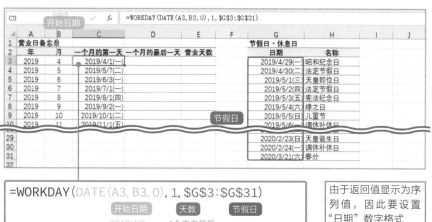

=WORKDAY(DATE(A3, B3, 0), 1, $G$3:$G$31)

| 开始日期 | 天数 | 节假日 |

2019/4/0　1个工作日后
（2019/3/31）

由于返回值显示为序列值，因此要设置"日期"数字格式

230

要获取每月的最后一个工作日，需要计算"下个月的第一天之前的一个工作日"。例如，要获取2019年4月的最后一个工作日，需要获取"2019/5/1"之前的一个工作日。可以为DATE函数的第1个参数"年"指定单元格A3，为第2个参数"月"指定"B3+1"，为第3个参数"日"指定1来进行计算。将其指定为WORKDAY函数的第1个参数"开始日期"，将第2个参数"天数"指定为表示"1个工作日前"的-1，将第3个参数"节假日"以绝对引用指定为休息日的单元格范围。

　　可以分别将NETOWORKDAYS函数的参数指定为某月的第一天、该月的最后一天以及节假日来获取某月的工作天数。

● 获取月份的最后一个工作日以及月份的工作日数

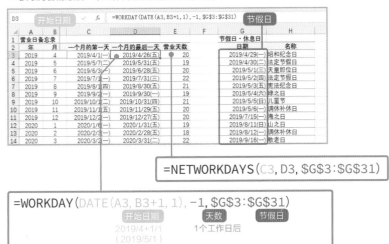

格 式　　计算○个工作日后（WORKDAY），计算工作天数（NETWORKDAYS）

=WORKDAY(开始日期, 天数, [节假日])　　　　　　　日期

将周六和周日以及指定为"节假日"的日期作为休息日，获取从"开始日期"开始的"天数"之前／之后的工作日。如果省略"节假日"，则只有周六和周日为休息日。

=NETWORKDAYS(开始日期, 结束日期, [节假日])　　　日期

将指定为周六和周日及"节假日"的日期定为休息日。获取从"开始日期"到"结束日期"的工作日数。如果省略"节假日"，则只有周六和周日为休息日。

07 根据截止日期
获取截止月份

使用EDATE函数

有时需要在月份中设置一个截止日期，例如"15日截止"或"20日截止"。这里我们计算截止日期的月份。可以使用EDATE函数和MONTH函数的嵌套。

首先，介绍一下EDATE函数的使用方法。该函数具有"开始日期"和"月"两个参数，并返回"开始日期"的"○个月前/后"的日期。下图是根据租赁的开始日期和租赁期间获取租赁结束日期的示例。例如，开始日期是"2019/3/25"，期间是3个月，结果即是"2019/6/25"。

● 根据租赁开始日期和期间获取结束日期

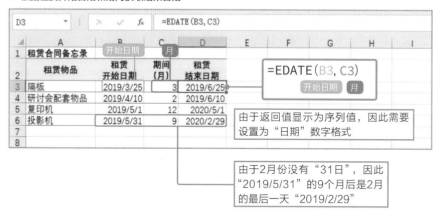

格式　获取○个月前后的日期（EDATE）

=EDATE(开始日期, 月)　　　　　　　　　　　　　　　日期

获取"开始日期"的"月"数后的日期的序列值。如果将"月"指定为负数，则可获取"月"数之前的日期。

嵌套使用EDATE和MONTH函数获取截止月份

以"本月20日之前算作本月，21日及以后算作下个月"来获取从信用卡的使用日期算起的"月"数时，也可以使用IF函数来完成计算，这里我们考虑使用另一种方法，即"将日期偏移20天"。

- 从3/21 ~ 3/31中减去20→3/1 ~ 3/11（月份仍然是3月）
- 从4/1 ~ 4/20中减去20→3/12 ~ 3/31（月份从4月变为3月）
- 从4/21 ~ 4/30中减去20→4/1 ~ 4/10（月份仍然是4月）
- 从5/1 ~ 5/20中减去20→4/1 ~ 4/30（月份从5月变为4月）

通过从日期中减去20，从上个月的21日到本月20日之间的日期将变成上个月的日期。如果将其指定为EDATE函数的参数"开始日期"，而将参数"月"指定为1，则可以获取一个月后的日期。将其指定为MONTH函数的参数，则可以获取目标月份。

● 将"20日之前的日期视为本月日期，21日及之后的日期视为下个月的日期"以获取"月"数

格式　从日期中提取月份（MONTH）

=MONTH（序列值）　　　　　　　　　　　　　　　　　　日期
....
提取与"序列值"相对应的"月"。通常将"序列值"指定为日期数据。

233

08 根据截止日期计算工作日付款日期

扫码看视频

获取"每月20日截止，下月10日付款"的付款日期

我们在"每月20日截止，下月10日付款"的条件下，根据购买日期获取付款日期。这里介绍3种方法，即不考虑休息日的情况下统一按"10日"付款，"10日"是休息日时下个工作日付款，"10日"是休息日时前一个工作日付款。

首先，介绍不考虑休息日的情况下统一获取"10日"的方法。在"每月20日截止，下月10日付款"的条件下，根据购买日期是否为20日之前，付款的月份会发生变化。如果购买日期是20日之前，则将在下个月的10日付款；如果购买日期是20日之后，则将变成下下个月的10日付款。"下个月的10日"可以通过计算"本月最后一天的10日后"来获取，"下下个月的10日"可以通过计算"下个月最后一天的10日后"来获取。为此，我们需要将EOMONTH函数的第1个参数"开始日期"指定为购买日期，并将第2个参数"月"指定为IF函数公式："如果购买日期是20日之前，则为0，否则为1"。

● 获取"每月20日截止，下月10日付款"的付款日期

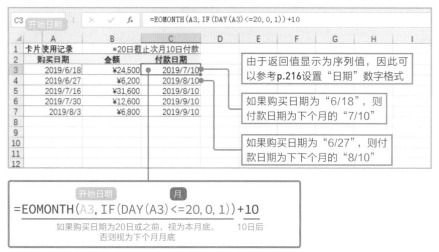

234

获取月的最后一天（EOMONTH），条件判断（IF），获取日（DAY）

=EOMONTH(开始日期, 月)　　　　　　　　　　　　　　　日期

如果为"月"指定一个正数，那么可获取"开始日期"之后月份的最后一天。如果指定为0，那么可获取开始日期当月的最后一天，如果指定为负数，那么可获取"开始日期"之前月份的最后一天。

=IF(逻辑表达式, [如果为真], [如果为假])　　　　　　　　逻辑

当"逻辑表达式"为TRUE（真）时，返回"如果为真"的值，当为FALSE（假）时，返回"如果为假"的值。

=DAY(序列值)　　　　　　　　　　　　　　　　　　　　日期

提取与"序列值"相对应的"日"。通常将"序列值"指定为日期数据。

付款日期的"10日"是休息日时转到下一个工作日付款

　　如果在"每月20日截止，下月10日付款"的条件下获取的付款日期是休息日的话，需将其转到下一个工作日付款。这个时候，**需要先获取付款日期前一天的"每月20日截止，下月9日付款"的日期。再使用WORKDAY函数计算付款日期前一天的"1个工作日后"即可。**

● 将休息日的付款日期转到下一个工作日

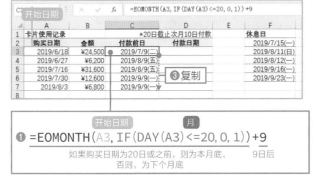

首先获取"每月20日截止，下月9日付款"的日期。在表的第一个单元格C3中输入公式❶，返回值将显示为序列值，可以参考p.225的"专栏"内容设置成日期数字格式❷。也可以复制F3的格式并将其粘贴到休息日的单元格C3中。设置数字格式后，复制公式❸。

❶ **=EOMONTH**(A3, IF(DAY(A3)<=20, 0, 1))+9
　　　　　　　开始日期　　　　　　　　　　　月
　　　　如果购买日期为20日或之前，则为本月底，　　9日后
　　　　　　　　否则，为下个月底

❷由于返回值显示为序列值，因此要设置为"日期"数字格式

D3			fx	=WORKDAY(C3,1,$F$2:$F$6)			

▲	A	B	C	D	E	F	G
1	卡片使用记录			※20日截止次月10日付款		休息日	
2	购买日期	金额	付款前日	付款日期		2019/7/15(一)	
3	2019/6/18	¥24,500	2019/7/9(二)	2019/7/10(三)		2019/8/11(日)	
4	2019/6/27	¥6,200	2019/8/9(五)	2019/8/13(二)		2019/8/12(一)	节假日
5	2019/7/16	¥31,600	2019/9/9(二)	2019/8/13(二)		2019/9/16(一)	
6	2019/7/30	¥12,600	2019/9/9(一)	2019/9/10(二)		2019/9/23(一)	
7	2019/8/3	¥6,800	2019/9/9(一)	2019/9/10(二)			
8							

❹ =WORKDAY(C3, 1, $F$2:$F$6)
开始日期 天数 节假日

❺ 由于返回值显示为序列值，因此要设置成"日期"数字格式

然后获取付款日期。将WORKDAY函数的第1个参数"开始日期"指定为支付日期的前日，将第2个参数"天数"指定为表示"1个工作日后"的1。将第3个参数"节假日"以绝对引用（p.19）指定为节假日的单元格范围❹。设置日期数字格式❺，复制公式❻，然后可获取支付日期。由于7月"10日（星期三）"是工作日，因此10日是付款日。8月的"10日（星期六）~12日（星期一）"是休息日，因此13日为付款日。

付款日期的"10日"是休息日时转到上一个工作日转账

如果在"每月20日截止，下月10日付款"的条件下获得的付款日期是休息日，则转移到上一个工作日转账，为此，**可提前获取"每月20日截止，下月11日付款"的日期。使用WORKDAY函数计算付款日期后一天的"1个工作日之前"，即可以将付款日期转移到前一个工作日。**

● 将遇到休息日的付款日期转到上一个工作日

C3			fx	=EOMONTH(A3,IF(DAY(A3)<=20,0,1))+11			

▲	A	B	C	D	E	F	G
1	卡片使用记录			※20日截止次月10日付款		休息日	
2	购买日期	金额	付款次日	付款日期		2019/7/15(一)	
3	2019/6/18	¥24,500	2019/7/11(四)			2019/8/11(日)	
4	2019/6/27	¥6,200	2019/8/11(日)			2019/8/12(一)	
5	2019/7/16	¥31,600	2019/8/11(日)		❷复制	2019/9/16(一)	
6	2019/7/30	¥12,600	2019/9/11(三)			2019/9/23(一)	
7	2019/8/3	¥6,800	2019/9/11(三)				
8							
9							

❶ =EOMONTH(A3, IF(DAY(A3)<=20, 0, 1))+11

首先获取"每月20日截止，下月11日付款"的日期。在表的第一个单元格中输入公式❶，设置日期数字格式后复制公式❷。

❸ =WORKDAY(C3, −1, $F$2:$F$6)
开始日期　天数　节假日

然后获取付款日期。将WORKDAY函数的第1个参数"开始日期"指定为"付款次日"，将第2个参数
"天数"指定为表示"1个工作日之前"的−1。将第3个参数"节假日"以绝对引用（**p.19**）指定为休息日
的单元格范围**❸**。设置日期显示格式之后复制公式**❹**，即可获取付款日期。由于7月"10日（星期三）"
是工作日，因此10日是付款日，而8月"10日（星期六）"是星期六，因此付款日期变成了9日。

格式　**获取〇个工作日前后的日期（WORKDAY）**

=WORKDAY(开始日期, 天数, [节假日])　　　　　　　日期

将周六和周日以及指定为"节假日"的日期作为休息日，获取从"开始日期"开始的
"天数"之前/之后的工作日。如果省略"节假日"，则只有周六和周日是休息日。

专栏　**仅用一个公式获取付款日期**

在p.235的**❶**和p.236的**❹**的公式中，实际的付款日期是通过计算付款日期的前、后一
天算出来的，我们也可以将这两个公式组合成一个公式来计算付款日期。

=WORKDAY(EOMONTH(A3, IF(DAY(A3)<=20, 0, 1))+9, 1, $F$2:$F$6)

同样，也可以将在第236页的**❶**和第237页的**❸**中的公式合并起来。

=WORKDAY(EOMONTH(A3, IF(DAY(A3)<=20, 0, 1))+11, −1, $F$2:$F$6)

第6章 日期和时间计算

09 根据出生日期和今天的日期获取年龄

扫码看视频

组合使用DATEDIF函数和TODAY函数获取年龄

使用DATEDIF函数可轻松获取两个日期的期间。DATEDIF函数在计算年龄、工作年限、合同年限等的时候非常实用。

DATEDIF函数具有3个参数，即"开始日期""结束日期"和"单位"，并返回从"开始日期"到"结束日期"的期间长度。获取年龄时，要将"开始日期"指定为出生日期，将"结束日期"指定为获取今天日期的TODAY函数，将"单位"指定为表示"整年数"的""Y""。

● 根据出生日期和今天的日期获取年龄

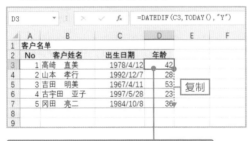

DATEDIF函数是与其他软件相兼容的函数，并不是Excel原有的函数，因此菜单或对话框中没有函数。输入时，必须直接手动输入到单元格中。

```
=DATEDIF(C3,TODAY(),"Y")
      开始日期   结束日期   单位
```

格式　获取今天的日期（TODAY），获取期间的长度（DATEDIF）

=TODAY()　　　　　　　　　　　　　　　　　　　日期

返回当前的日期。易变函数。

=DATEDIF(开始日期,结束日期,单位)　　　　　　期间

以指定的"单位"返回从"开始日期"到"结束日期"的期间的长度。

238

● DATEDIF函数的参数"单位"的设定值

单位	说明	「=DATEDIF("2018/1/1", "2019/3/4",单位)」的结果
"Y"	整年数	1 年（1 年 2 个月零 3 天中的完整年数）
"M"	整月数	14 个月（1 年 2 个月零 3 天中的完整月数）
"D"	整天数	427 日（1 年 2 个月零 3 天中的完整天数）
"YM"	不满 1 年的月数	2 个月（1 年 2 个月零 3 天减去 1 年余数的月数）
"YD"	不满 1 年的天数	62 日（1 年 2 个月零 3 天减去 1 年余数的天数）
"MD"	不满 1 个月的天数	3 日（1 年 2 个月零 3 天减去 14 个月余数的天数）

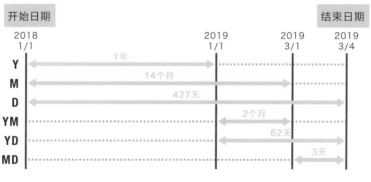

"–DATEDIF("2018/1/1", "2019/3/4", 单位)"的结果如下。

☑ 专栏　　**计算周岁年龄**

要获取周岁年龄，可以使用公式"=DATEDIF(C3,TODAY()+1,"Y")"来计算。

☑ 专栏　　**以"〇岁〇个月"的格式获取期间**

使用如下公式可以以"〇岁〇个月"的格式显示年龄。

```
=DATEDIF(C3, TODAY(), "Y")&"岁"
&DATEDIF(C3, TODAY(), "YM")&"个月"
```

10

指定年度的开始月份 并从日期中获取季度或 年度

扫码看视频

使用CHOOSE函数获取季度

我们可以使用CHOOSE函数从日期中获取季度，也可获取以指定月份开始的会计季度。

CHOOSE函数在第1个参数中指定"索引"，在第2个及后续参数中指定"值"，如果"索引"为1，则返回"值1"，如果为2，则返回"值2"。它是一个返回"值"的函数。要从日期中获取季度，需要使用MONTH函数提取"月"，然后指定为CHOOSE函数的第1个参数"索引"，在第2个参数之后排列"1月的季度""2月的季度"至"12月的季度"。

● 从日期中获取1月开始的季度和4月开始的季度

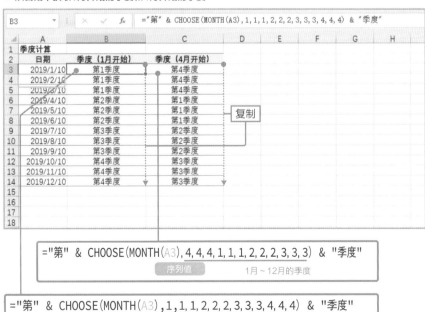

返回数值对应的值（CHOOSE），从日期中提取月（MONTH）

=CHOOSE（索引, 值1, [值2], …）　　　　　　　　　　　　检索

⋯⋯⋯⋯⋯⋯⋯⋯⋯⋯⋯⋯⋯⋯⋯⋯⋯⋯⋯⋯⋯⋯⋯⋯⋯⋯⋯⋯⋯

返回与"索引"中指定的数值相对应的"值"。如果"索引"为1，则返回"值1"，
如果"索引"为2，则返回"值2"。

=MONTH（序列值）　　　　　　　　　　　　　　　　　　日期

⋯⋯⋯⋯⋯⋯⋯⋯⋯⋯⋯⋯⋯⋯⋯⋯⋯⋯⋯⋯⋯⋯⋯⋯⋯⋯⋯⋯⋯

提取与"序列值"相对应的"月"。通常将"序列值"指定为日期数据。

📋 专栏　　**从日期获取年份**

要获取4月份开始的会计年度，需要使用EDATE函数将日期后移三个月，然后使用
YEAR函数来提取"年"。

=YEAR（EDATE（日期, -3））

📋 专栏　　**分解日期和时间的函数**

这里我们使用了从日期中提取"月"的MONTH函数，Excel具有提取"年"，"月"
"日""时""分"和"秒"的函数，总结如下。

=HOUR（A2）
=MINUTE（A2）
=SECOND（A2）
=YEAR（A2）
=MONTH（A2）
=DAY（A2）

11 将8位数值转换为日期并对齐位数显示

扫码看视频

分解数值的位数并将其组合为日期

从其他应用程序复制过来的日期数据有时会以8位数值的格式输入。本节介绍将此数值转换为日期的方法。

要将19860803之类的8位数值转换为"1986/8/3"格式的日期，**可以使用MID函数将该数值分解为年月日，即1986、08、03。**如果将DATE函数的参数指定为这些数值，则会返回日期数据。下图中，将A列中输入的数值转换为日期。

● 从8位数值中获取日期

=DATE(MID(A3, 1, 4), MID(A3, 5, 2), MID(A3, 7, 2))

年　　　　　　　月　　　　　　　日

从第1个字符开始　　从第5个字符开始　　从第7个字符开始
提取4个字符　　　　提取2个字符　　　　提取2个字符

格 式　　根据年月日数值创建日期（DATE）

=DATE(年, 月, 日)　　　　　　　　　　　　　　　　日期

根据"年""月"和"日"的数值返回日期。

对齐日期的位数显示

在同一列中输入的日期可能位数未对齐。若要对齐位数，**可以使用TEXT函数以2位数显示月份和日期，并以MS Gothic等间距字体右对齐显示**，并将TEXT函数的返回值"/0"用"/"（斜杠和半角空格）替换。

● 对齐显示日期位数

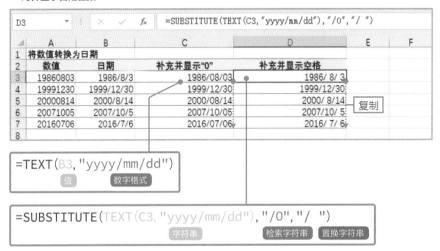

=TEXT(B3,"yyyy/mm/dd")
- 值
- 数字格式

=SUBSTITUTE(TEXT(C3,"yyyy/mm/dd"),"/0","/ ")
- 字符串
- 检索字符串
- 置换字符串

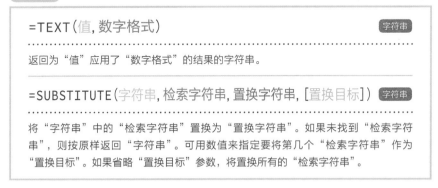

格 式　将数字格式应用于值（TEXT）、置换字符串（SUBSTITUTE）

=TEXT(值,数字格式)　字符串

返回为"值"应用了"数字格式"的结果的字符串。

=SUBSTITUTE(字符串,检索字符串,置换字符串,[置换目标])　字符串

将"字符串"中的"检索字符串"置换为"置换字符串"。如果未找到"检索字符串"，则按原样返回"字符串"。可用数值来指定要将第几个"检索字符串"作为"置换目标"。如果省略"置换目标"参数，将置换所有的"检索字符串"。

12 计算指定年月的
第3个周二的日期

扫码看视频

获取从上个月底开始计算的第3个周二的日期

"想要获取2019年4月的第3个星期二"，可以使用将指定的星期数作为休息日获取"〇个工作日后"的日期的WORKDAY.INTL函数。

要获取"第3个周二"，需将周二以外的所有日期作为休息日，并从上个月的最后一天开始获取"3个工作日后"的日期。将DATE函数的参数"日"指定为0，将WORKDAY.INTL函数的第1个参数指定为"开始日期"，可以获得月份最后一天的日期。由于我们需要"第3个"周二，因此将第2个参数"天数"指定为3。要将除星期二以外的所有日期定为休息日，需要将工作日指定为0，将休息日指定为1，并将周一至周日指定为1011111，将其指定为WORKDAY.INTL函数的第3个参数"周末"。

● 获取指定年月的第3个周二的日期

=WORKDAY.INTL(DATE($A$1, A4, 0), 3, "1011111")

开始日期   天数   周末

格式 获取○个工作日前后日期(WORKDAY.INTL)、创建日期（DATE）

=WORKDAY.INTL(开始日期, 天数, [周末], [节假日]) `日期`

....

使用"周末"和"节假日"中指定的日期作为休息日，获取从"开始日期"开始的"天数"前／后的工作日。如果省略"周末"，则星期六和星期日为休息日。如果省略"节假日"，则只有周六和周日为休息日。（参数表p.227）

=DATE(年, 月, 日) `日期`

....

根据"年""月""日"的数值返回日期。

专栏 关于周的基本函数

使用WEEKNUM函数，可以查找第1个参数"序列值"中指定的日期是从年初开始计算的第几周。第2个参数"周的基准"可以指定第一周开始的星期数和周，"系统1 *"是将包含1月1日的周作为第1周，"系统2 *"是将包含第1个周四的那周作为每年的第1周。

右图是获取从1月1日那周开始的周数的示例。

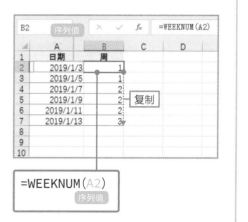

格式 根据日期获取周数（WEEKNUM）

=WEEKNUM(序列值, [周的基准]) `日期`

....

获取与"序列值"相对应的周数。指定将周几作为一周的第一天，以及第一周是包含1月1日的一周还是包含第一个周四的一周。如果省略"周的基准"参数，则一周的开始为星期日，第一周为包括1月1日的那周。（参数表 p.338）

13 创建指定年月的日程表

扫码看视频

自动创建日程表

这里指定"年"和"月"后，系统将自动创建一个显示该月日程的日程表。

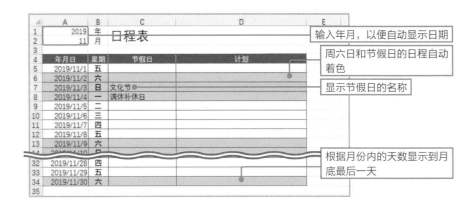

输入年月，以便自动显示日期

周六日和节假日的日程自动着色

显示节假日的名称

根据月份内的天数显示到月底最后一天

创建日程表

● 显示日期或星期、节假日的名称

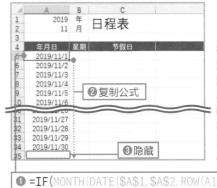

❷复制公式

❸隐藏

在单元格A5中输入显示日期的公式❶，参照p.216设置日期的数字格式，并复制公式到单元格A35中❷。这个公式的含义是如果指定的年月的第1天的月份等于单元格A2中的月份，则显示日期。"ROW（A1）"的返回值是1，在复制公式时将依次变为2、3、4……31"。由于11月份没有31天，因此第31天的日期（单元格A35的日期）为"2019/12/1"，月份与单元格A2不同，因此要将其隐藏❸。

❶ =IF(MONTH(DATE($A$1, $A$2, ROW(A1)))=$A$2, DATE($A$1, $A$2, ROW(A1)), "")

逻辑表达式　　如果为真　　如果为假

246

在单元格B5中输入TEXT函数的公式❹，然后向下复制公式到单元格B35❺，显示与A列中的日期相对应的星期。

"aaa"是用于显示星期的格式符号。

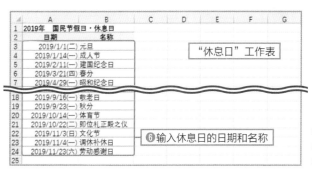

输入休息日的日期和名称❻。这里在"休息日"工作表的单元格范围A3:B24中输入。

在单元格C5中输入公式❼，然后向下复制公式到单元格C35❽。如果A列中的日期在"节假日"工作表上，则将显示节假日名称。

● 使用条件格式设置颜色和边框

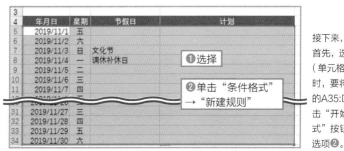

接下来，设置条件格式。
首先，选择31天的单元格范围（单元格范围A5:D35）❶。此时，要将当前未显示任何内容的A35:D35选择在内。依次单击"开始"选项卡的"条件格式"按钮，选择"新建规则"选项❷。

247

打开"新建格式规则"对话框，选择"使用公式确定要设置格式的单元格"❸，然后输入公式❹。该公式是一个表示"当前行A列的单元格不为空"的逻辑表达式。接着单击"格式"按钮❺，在打开的窗口的"边框"选项卡中指定边框的颜色和位置，最后单击"确定"按钮❻。这样即为A列中显示日期的行设置了边框❼。

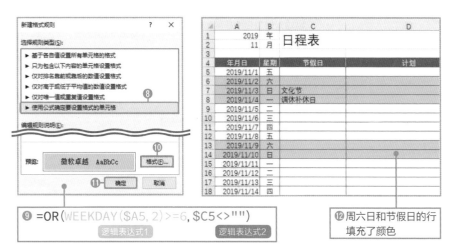

再次选择31天的单元格，然后打开"新建格式规则"对话框，选择"使用公式确定要设置格式的单元格"❽，输入公式❾。该公式是一个表示"当前行的A列的星期号为6或以上，或C列不为空"的逻辑表达式。接着单击"格式"按钮❿，在打开窗口的"填充"选项卡中选择颜色。单击"确定"按钮⓫，星期号为6的周六，为7的周日以及节假日的名称所在的行即填充了颜色⓬。

格式　本例使用的函数

=IF(逻辑表达式,[如果为真],[如果为假])　　逻辑

如果"逻辑表达式"为TRUE（真），则返回"如果为真"的值；如果为FALSE（假），则返回"如果为假"的值。

248

=MONTH(序列值) 日期

提取与"序列值"相对应的"月"。通常将"序列值"指定为日期数据。

=DATE(年, 月, 日) 日期

根据"年""月"和"日"的数值返回日期。

=ROW([引用]) 检索

获取指定为"引用"的单元格的行号。如果省略了"引用",则可获取输入了公式的单元格的行号。

=TEXT(值, 数字格式) 字符串

返回为"值"应用了"数字格式"的结果的字符串。

=IFERROR(值, 错误时的值) 逻辑

如果"值"不是错误值,则返回"值"。如果"值"是错误值,则返回"发生错误时的值"。

=VLOOKUP(检索值, 范围, 列号, [检索方法]) 检索

从"范围"的第 1 列中检索"检索值",并返回查找到的行的"列号"中的数据。将"检索方法"指定为FALSE时,执行完全匹配搜索,指定为TRUE或省略时,执行"近似匹配搜索"。

=OR(逻辑表达式1, [逻辑表达式2], ⋯) 逻辑

当指定的"逻辑表达式"至少一个为TRUE(真)时,返回TRUE。否则,返回FALSE。最多可以指定255个"逻辑表达式"。

=WEEKDAY(序列值, [种类]) 日期

获取与"序列值"相对应的星期。在"种类"中指定返回值的种类。如果省略"种类"的指定,则返回值为1(星期日)~7(星期六)。(参数表p.338)

14 根据工作日和周末节假日计算总的工作时间

将工作日显示为1，将休息日显示为0进行汇总

由于时间实际上是称为序列值的数值，因此可以使用SUMIF函数进行合计。使用NETWORKDAYS函数来判断工作日/周末节假日。

这里，我们合计下图表中的工作时间。**为NETWORKDAYS函数的"开始日期"和"结束日期"指定了相同的日期，如果指定的日期是工作日，则返回1，如果指定的日期是休息日，则返回0。**在操作列中输入NETWORKDAYS函数公式，并使用SUMIF函数进行合计。

● 按照工作日和周末假日计算总的工作时间

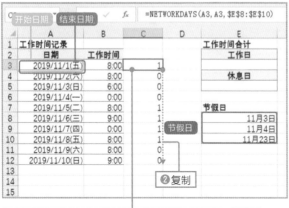

在操作列中输入公式❶，复制公式❷。工作日显示为1，节假日显示为0。

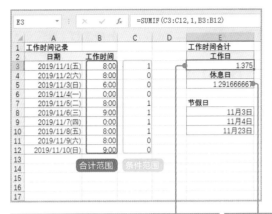

将SUMIF函数的第 1 个参数"条件范围"指定为操作列的单元格范围，将第2个参数"条件"指定为1，将第3个参数"合计范围"指定为工作时间的单元格范围❸，即可获取工作日总的工作时间的序列值。

如果将第2个参数"条件"更改为0，则可以获取周六和周日，以及指定的节假日总的工作时间的序列值❹。

❸ =SUMIF(C3:C12, 1, B3:B12)
　　　　　 条件范围　条件　合计范围

❹ =SUMIF(C3:C12, 0, B3:B12)
　　　　　 条件范围　条件　合计范围

❺ 设置时间数字格式

参照p.218设置时间数字格式❺。

格式　获取工作日天数(NETWORKDAYS)、有条件地求和（SUMIF）

=NETWORKDAYS(开始日期, 结束日期, [节假日])　　　　日期

星期六和星期日以及指定为"节假日"的日期为休息日，获取从"开始日期"到"结束日期"的工作日天数。如果省略"节假日"，则只有周六和周日为休息日。

=SUMIF(条件范围, 条件, [合计范围])　　　　数学

从"条件范围"中检索与"条件"相匹配的数据，并对与检索到的数据相对应的"合计范围"的数值求和。如果省略了"合计范围"，"条件范围"的数值将会成为合计对象。

251

15 分别汇总正常上班、加班和夜间加班的工作时间

扫码看视频

获取正常上班、加班、夜间加班的工作时间

我们将工作时间分为"正常上班""加班""夜间加班"来计算总的工作时间。

这里，将"9:00～17:00"视为正常工作时间，"17:00～22:00"视为加班，"22:00～"视为夜间加班。每个工作时间段的开始时间输入单元格范围E3:G3中。休息时间从正常上班时间中扣除。

正常上班的开始时间和结束时间如下：

- 正常上班的开始时间……上班时间。
- 正常上班的结束时间……下班时间与17:00（单元格F3）两者中较早的那个时间。

要获取正常上班的总时间，可以使用MIN函数获取结束时间，然后从中减去上班时间和休息时间。

● 计算正常上班的总的工作时间

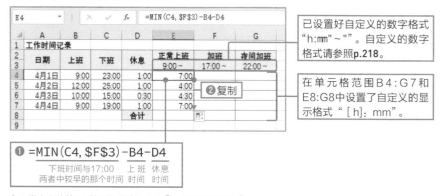

在正常上班的第1个单元格中输入公式❶，然后复制公式❷。

加班和夜间加班的开始时间和结束时间如下：

- 加班：如果下班时间在17:00（单元格F3）之后，则算作加班。

  开始时间……17:00（单元格F3）。

  结束时间……下班时间与22:00（单元格G3）两者中较早的时间。

- 夜间加班：如果下班时间在22:00（单元格G3）之后，则算作夜间加班。

  开始时间……22:00（单元格G3）。

  结束时间……下班时间。

根据上述条件，我们可以使用IF函数和MIN函数来获取工作时间。进而使用SUM函数求合计。

● 获取加班和夜间加班的总的工作时间

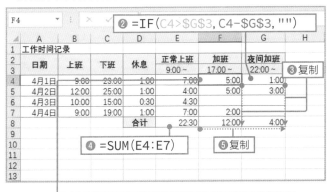

输入计算加班和夜间加班时间的公式❶❷，复制公式❸。输入求合计的公式❹，复制公式❺。

❶ =IF(C4>$F$3,MIN(C4, $G$3)-$F$3, "")

　　　逻辑表达式　　　　　如果为真　　　　如果为假

格 式　条件判断（IF），获取最小值（MIN）

=IF(逻辑表达式,[如果为真],[如果为假])　　　　逻辑

....

如果"逻辑表达式"为TRUE（真），则返回"如果为真"的值，如果为FALSE（假），则返回"如果为假"的值。

——————————————————

=MIN(数值1,[数值2],…)　　　　统计

....

求"数值"的最小值。可以在"数值"中指定数值、单元格、单元格范围。最多可指定255个"数值"。

253

📝 专栏　　**无法获得预期结果时可以验证公式**

Excel备有验证公式的功能。我们可以利用这一功能查找公式里的错误。

● **运行公式的一部分进行验证**

在编辑栏中拖动选择公式的一部分❶，按F9键❷。

● **所选部分即执行❸。确认后，按Esc键取消执行❹。**

所选部分即执行❸。确认后，按Esc键取消执行❹。

● **在单元格中显示公式并验证**

单击"公式"选项卡的"显示公式"按钮❶，输入的公式将会显示在单元格中❷。再次单击该按钮可回到原来的显示。

254

第 **7** 章

字符串操作和
格式的统一

Controlling Character String

01 字符串操作的基础：提取、检索、置换字符串

扫码看视频

从字符串中提取部分字符串

本节介绍处理字符串时必不可少的方法，从字符串中提取部分字符串、检索字符串和替换字符串。

Excel里含有**从字符串中提取部分字符串的**函数，即LEFT函数、RIGHT函数和MID函数。我们可以根据提取字符串的位置来选择使用这些函数。

● 分解产品代码

	=LEFT(B1, 2)	提取前2个字符
	=MID(B1, 4, 3)	从第4个字符开始提取3个字符
	=RIGHT(B1, 3)	提取最后3个字符

格 式　从字符串中提取部分字符串（LEFT,MID,RIGHT）

=LEFT(字符串, [字符数]) 　　　　　　　　　　　字符串

从 "字符串" 的开头提取 "字符数" 的字符串。如果省略 "字符数"，则从 "字符串" 的开头提取1个字符。

=MID(字符串, 开始位置, 字符数) 　　　　　　　字符串

从 "字符串" 的 "开始位置" 提取 "字符数" 的字符串。在 "开始位置" 中，第1个字符被认定为1，可以指定开始提取的字符位置。

=RIGHT(字符串, [字符数]) 　　　　　　　　　　字符串

从 "字符串" 的末尾提取 "字符数" 的字符串。如果省略了 "字符数"，则将从 "字符串" 的末尾提取1个字符。

从字符串中检索 / 替换字符串

我们可以使用FIND函数来查找字符串中是否包含特定的字符串。如果包含，则返回表示位置的数值；如果不包含，则返回错误值"#VALUE！"。

● 从邮政编码中检索"-"和"〒"

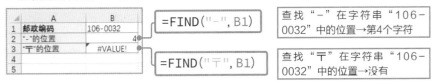

	A	B
1	邮政编码	106-0032
2	"-"的位置	4
3	"〒"的位置	#VALUE!
4		
5		

=FIND("-",B1)

查找"-"在字符串"106-0032"中的位置→第4个字符

=FIND("〒",B1)

查找"〒"在字符串"106-0032"中的位置→没有

我们可以使用SUBSTITUTE函数将**一个字符串中的特定字符串替换为另一个字符串**。也可以通过将特定的字符串替换为空字符串""""（双引号）来删除它。

● 将字符串2016替换为2019或删除

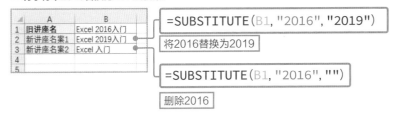

	A	B
1	旧讲座名	Excel 2016入门
2	新讲座名案1	Excel 2019入门
3	新讲座名案2	Excel 入门
4		
5		

=SUBSTITUTE(B1, "2016", "2019")

将2016替换为2019

=SUBSTITUTE(B1, "2016", "")

删除2016

格式　搜索字符串（FIND），替换字符串（SUBSTITUTE）

=FIND(检索字符串, 对象, [开始位置])　　字符串

检索"检索字符串"在"对象"中的位置，返回其数值。在"开始位置"中，指定开始检索的位置。如果将其省略，则会从"对象"的第1个字符开始检索。如果"对象"中不包含"检索字符串"，则返回"#VALUE！"。

=SUBSTITUTE(字符串, 检索字符串, 置换字符串, [置换目标])　　字符串

将"字符串"中的"检索字符串"替换为"置换字符串"。如果未找到"检索字符串"，则按原样返回"字符串"。在"置换目标"中用数值指定要置换的"检索字符串"的位置。如果省略，则将置换所有的"检索字符串"。

02 根据空格的位置将姓名分为"姓"和"名"

扫码看视频

查找姓名中全角空格的位置

这里我们将"姓"和"名"以全角空格的位置为界进行分开表示。首先，我们**使用FIND函数来查找全角空格的位置**。将FIND函数的第1个参数"检索字符串"指定为全角空格""""，将第2个参数"对象"指定为姓名所在的单元格。以"野村 庆子"为例，我们可以看到全角空格位于第3个字符中。"姓"的字符数为"3-1=2"个字符。"名"的开始位置则是第"3+1=4"个字符。

● 使用FIND函数查找全角空格的位置

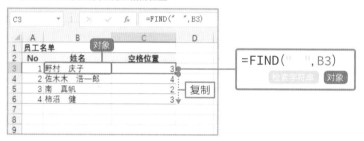

根据全角空格的位置划分"姓"和"名"

"姓"的字符数是从全角空格的位置减去1的数值。将LEFT函数的第1个参数"字符串"指定为姓名的单元格，并将第2个参数"字符数"指定为"全角空格的位置-1"，即可以提取"姓"。

另一方面，"名"的开始位置是全角空格的位置加"1"的位置。要提取"名"，可将MIN函数的第1个参数"字符串"指定为姓名的单元格，将第2个参数"开始位置"指定为"全角空格的位置+1"。无须为第3个参数"字符数"指定完全和"名"相符的字符数，可以指定较大的数值，同样可以提取到至姓名末尾的字符。下图是将LEN函数获得的姓名中的字符数指定为第3个参数。

● 将姓名分解为"姓"和"名"

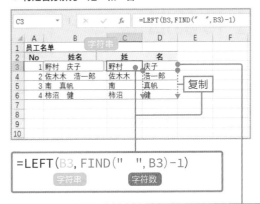

全角空格在
第 **3** 个字符

野村　庆子

姓的字符数为
3-1=2

名的开始位置为
3+1=4

=LEFT(B3, FIND("　",B3)-1)
　　　 字符串 　　　　　 字符数

=MID(B3, FIND("　",B3)+1, LEN(B3))
　　 字符串 　　　 开始位置 　　　 字符数

格 式　　**搜索字符串（LEFT，FIND），其他**

=LEFT(字符串, [字符数])　　　　　　　　　　　　　　　　　　　　字符串

从"字符串"的开头提取"字符数"的字符串。如果省略"字符数"，则从"字符串"的开头提取1个字符。

=FIND(检索字符串, 对象, [开始位置])　　　　　　　　　　　　　　字符串

检索"检索字符串"在"对象"中的位置，返回其数值。在"开始位置"中，指定开始检索的位置。如果将其省略，则会从"对象"的第1个字符开始检索。如果"对象"中不包含"检索字符串"，则返回"#VALUE！"。

=MID(字符串, 开始位置, 字符数)　　　　　　　　　　　　　　　　字符串

从"字符串"的"开始位置"提取"字符数"的字符串。在"开始位置"中，第1个字符被认定为1，可以指定开始提取的字符位置。

=LEN(字符串)　　　　　　　　　　　　　　　　　　　　　　　　字符串

返回"字符串"的字符数。

第7章 字符串操作和格式的统一

03 提取特定字符前后的字符串

按"部"和"科"的位置进行分解

我们可以将"管理部人事科新毕业生招聘主管"分解为"管理部""人事科"和"新毕业生招聘主管"。在下图的表中，将部门名称分解为部名、科名以及之后的名称。因为部中的字符数和"部"的位置一致，**因此，我们可以使用FIND函数查找"部"的位置，使用LEFT函数从头开始提取字符数的字符。主管名称可以从"科"的下一个字符开始提取，因此可以通过FIND函数获得"科"的位置，并使用MID函数提取"科"之后的字符。**MID函数的第3个参数用于指定字符数，如果多指定一些字符，会提取到字符串末尾的字符，因此我们在此指定了使用LEN函数获得的整个部门名称的字符数。

● 从部门名称中提取部名和科名

在提取了部名和主管名之后，再提取科名就很简单了。我们只需从部门名称中删除部名和科名即可。由于要删除两个字符串，所以需要将SUBSTITUTE函数嵌套使用。

● 从部门名称中取出科名

=SUBSTITUTE(SUBSTITUTE(B3, E3, ""), C3, "")

字符串　检索字符串　置换字符串　检索字符串　置换字符串

=LEFT(字符串, [字符数])　字符串

从"字符串"的开头提取"字符数"的字符串。如果省略"字符数",则从"字符串"的开头提取1个字符。

=FIND(检索字符串, 对象, [开始位置])　字符串

检索"检索字符串"在"对象"中的位置,返回其数值。在"开始位置"中,指定开始检索的位置。如果将其省略,则会从"对象"的第1个字符开始检索。如果"对象"中不包含"检索字符串",则返回"#VALUE!"。

=MID(字符串, 开始位置, 字符数)　字符串

从"字符串"的"开始位置"提取"字符数"的字符串。在"开始位置"中,将第1个字符认定为1,可指定开始提取的字符数。

=LEN(字符串)　字符串

返回"字符串"的字符数。

=SUBSTITUTE(字符串, 检索字符串, 置换字符串, [置换目标])　字符串

将"字符串"中的"检索字符串"替换为"置换字符串"。如果未找到"检索字符串",则按原样返回"字符串"。在"置换对象"中用数值指定要置换的"检索字符串"的位置。如果省略,则将置换所有的"检索字符串"。

第7章　字符串操作和格式的统一

261

04 将住址分解成都道府县和市区町村

扫码看视频

从住址中分解出都道府县的名称

"神奈川县""和歌山县"和"鹿儿岛县"3个县的名称为4个字符，其他均为3个字符。基于这个事实，我们从住址中分解出都道府县和其之后的具体地址。

这里，"住址"栏中输入的住址均包含都道府县，将该住址分解为都道府县及其后的具体地址。使用MID函数提取住址的第4个字符，并使用IF函数查找第4个字符是否为"县"。如果是"县"的话，使用LEFT函数提取住址的前4个字符，否则提取住址的前3个字符。

市区町村名可以通过使用SUBSTITUTE函数从住址中删除都道府县名来获取。

● 从住址中提取出都道府县

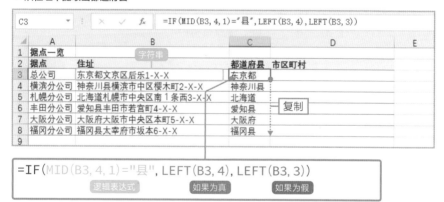

● IF函数的分支图

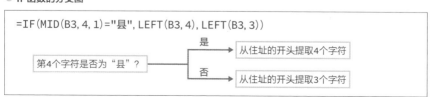

● 从住址中提取出市区町村

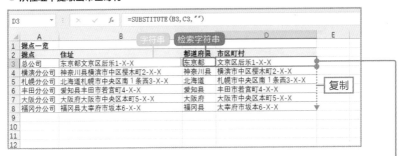

条件判断（IF）、提取部分字符串（MID、LEFT）、置换（SUBSTITUTE）

=IF(逻辑表达式, [如果为真], [如果为假])　　　　　逻辑

如果"逻辑表达式"为TRUE（真），则返回值"如果为真"的值，如果为FALSE
（假），则返回"如果为假"的值。

=MID(字符串, 开始位置, 字符数)　　　　　字符串

从"字符串"的"开始位置"提取"字符数"的字符串。在"开始位置"中，第1个
字符为1，可指定开始提取的字符数。

=LEFT(字符串, [字符数])　　　　　字符串

从"字符串"的开头提取"字符数"的字符串。如果省略"字符数"，则从"字符
串"的开头提取1个字符。

=SUBSTITUTE(字符串, 检索字符串, 置换字符串, [置换目标])　　　　　字符串

将"字符串"中的"检索字符串"替换为"置换字符串"。如果未找到"检索字符
串"，则按原样返回"字符串"。在"置换对象"中要用数值指定要置换的"检索字符
串"的位置。如果省略，则将置换所有的"检索字符串"。

第 7 章 字符串操作和格式的统一

263

处理不包含都道府县名的情况（简易版）

本节介绍当住址中未包含都道府县名时的一种简单的分解方法。

首先，**查找住址的第3个字符，如果第3个字符是"都道府县"的任意一个字符的话，则提取3个字符，否则查找第4个字符。如果第4个字符是"县"，则取出4个字符，否则将其设置为不显示任何内容。**

在该方法中，因为在第3或第4个字符中含有字符"都""道""府""县"的市区町村均会被视为都道府县名。所以，只能在可以目测检查是否有此类情况的表中使用该方法。

● 将住址分解为都道府县和其后的具体地址

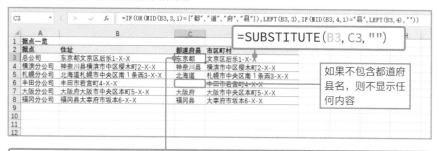

● IF函数的分支图

格 式　　"或"条件（OR）

=OR（逻辑表达式1, [逻辑表达式2], …）　　　　　　逻辑

当至少一个"逻辑表达式"为TRUE(真)时，返回TRUE。否则，返回FALSE。最多可指定255个"逻辑表达式"。

与“都道府县一览”表进行对照确保提取的都道府县名正确

使用前一页的方法，有可能会将比如“福冈县太宰府市”或“宫崎县西诸县郡”等第3、4个字符中包含“都”“道”“府”“县”字符的市区町村误认为是都道府县。**为确保提取到是正确的都道府县名，我们可以创建都道府县一览表并将其与住址进行核对。**

首先，将住址的前3个字符作为检索值来检索都道府县一览表，如果能找到，则对其进行提取。如果找不到，则可以将住址的前4个字符作为检索值，如果找到，则将其提取出来，如果找不到，则不显示任何内容。使用IFERROR函数来确定是否找到。

● 将住址分解成都道府县和其后详细地址

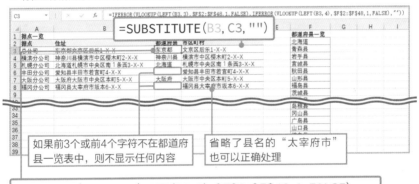

如果前3个或前4个字符不在都道府县一览表中，则不显示任何内容

省略了县名的“太宰府市”也可以正确处理

```
=IFERROR(VLOOKUP(LEFT(B3,3),$F$2:$F$48,1,FALSE),
IFERROR(VLOOKUP(LEFT(B3,4),$F$2:$F$48,1,FALSE),""))
```

格 式 检查错误值（IFERROR）、表的检索（VLOOKUP）

=IFERROR(值, 错误时的值) 『逻辑』
....
如果“值”不是错误值，则返回“值”。如果“值”是错误值，则返回“错误时的值”。

=VLOOKUP(检索值, 范围, 列号, [检索方法]) 『检索』
....
从“范围”的第1列中检索“检索值”，并返回找到的行的“列号”中的数据。如果将“检索方法”指定为FALSE，则执行完全匹配搜索；如果指定为TRUE 或省略，则执行近似匹配搜索。

05 在邮政编码或电话号码中插入分隔符 "−"

扫码看视频

将7位数的邮政编码分为3位数和4位数

将特定的字符串插入目标字符串中的固定位置时，可使用REPLACE 函数。 该函数有"字符串""开始位置""字符数"和"置换字符串"4个参数，可以从"字符串"的"开始位置"中将"字符数"的字符串置换为"置换字符串"。如果将第3个参数"字符数"指定为0，则可以插入"置换字符串"而不会删除任何一个原始字符。

要在7位数的邮政编码的第3个字符后插入"−"，需将第2个参数"开始位置"指定为4作为插入位置。

● 在邮政编码的第3位和第4位之间插入 "−"

格式　　置换字符串（REPLACE）

=REPLACE(字符串, 开始位置, 字符数, 置换字符串)　　字符串

从"字符串"的"开始位置"开始将"字符数"的字符串置换为"置换字符串"。

将11位的电话号码划分为3位、4位、4位

要将电话号码分为3部分，可以以嵌套方式使用REPLACE函数。要将11位的电话号码划分为3位、4位、4位，需要将内部的REPLACE函数的第2个参数"开始位置"指定为8，先在第8个字符的位置插入"-"。将返回值传递给外部REPLACE函数的第1个参数"字符串"，并将第2个参数"开始位置"指定为4。

● 用"-"将电话号码分为3部分

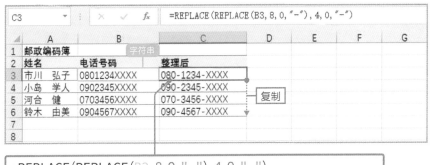

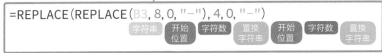

📝 **专栏**　　**从末尾插入可使计算更容易**

在多个位置插入字符时，无论插入顺序如何，结果都是相同的，但是，如果从末尾开始按顺序插入字符的话，指定参数"开始位置"的数值会更简单。

例如，每隔2位插入4个"-"时，如果从头开始插入的话，下一个插入位置之前的字符数会发生变化，因此，必须计算插入的字符数的和来确定"开始位置"。反之，如果从末尾插入的话，插入位置之前的字符数不会发生变化，因此，可以将"开始位置"简单地指定为9、7、5、3。因此，如果要在多个位置插入字符，从末尾开始插入会更简单。

06 删除多余空格：完全删除或保留词间的空格

扫码看视频

删除所有全角空格和半角空格

从其他应用程序复制来的数据可能会包含多余的空格。本节介绍删除所有这些多余空格的方法，以及保留词间空格的同时删除其他空格的方法。

要删除包含在字符串中的所有全角和半角空格，需要使用可置换字符串的SUBSTITUTE函数。 在下图的公式中，内侧的SUBSTITUTE函数删除了半角空格，外侧的SUBSTITUTE函数删除了全角空格。

● 删除空格

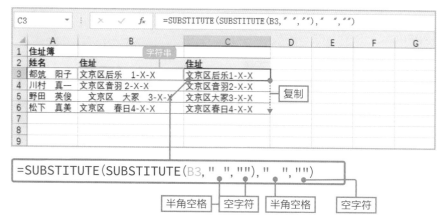

格式　　**置换字符串（SUBSTITUTE）**

=SUBSTITUTE(字符串, 检索字符串, 置换字符串, [置换目标]) 字符串

将"字符串"中的"检索字符串"替换为"置换字符串"。如果未找到"检索字符串"，则按原样返回"字符串"。在"置换对象"中用数值指定要置换的"检索字符串"的位置。如果省略，则将置换所有"检索字符串"。

保留词间的空格中删除其他空格

使用TRIM函数，可以轻松删除字符串中多余的全角／半角空格。可以删除字符串前后的所有空格。如果单词间有多个连续的空格，则可以删除第2个及之后的空格，保留第1个空格。如果单词间保留的空格的全角/半角没有统一，可以嵌套使用SUBSTITUTE函数使其统一。

● 使用TRIM函数删除空格

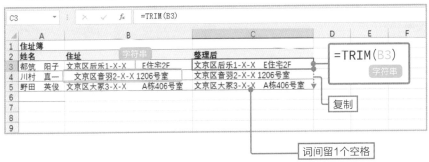

● 组合使用SUBSTITUTE函数将保留的空格统一为全角

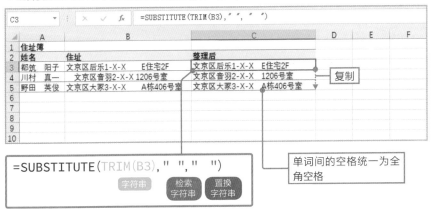

格式　从字符串中删除空格（TRIM）

=TRIM(字符串)　　　　　　　　　　　　　　　字符串

从"字符串"中删除全角／半角空格。词间保留一个空格。

269

07 插入／置换／删除
单元格内换行

扫码看视频

在单元格内用换行连接单元格字符串

有时可能需要使用公式在单元格内添加或删除换行。除了使用 Alt ＋ Enter 键在单元格内强制换行外，我们还可以在公式中使用表示单元格内换行的CHAR函数来进行换行。

在Excel中，单元格内换行被视为字符来处理。就像将字符代码分配给普通字符一样，我们也可以将字符代码10分配给单元格内换行。使用从字符代码返回字符的CHAR函数，"CHAR（10）"可以用来表示单元格内换行。

在下图中，通过使用单元格内换行将邮政编码与住址连在一起。当按下 Alt ＋ Enter 键输入单元格内换行时，将自动应用"自动换行"到该单元格，但是当我们使用函数在单元格中插入单元格内换行时，必须手动设置，否则显示不出来。这一点需要注意。

● 通过单元格内换行连接邮政编码和住址

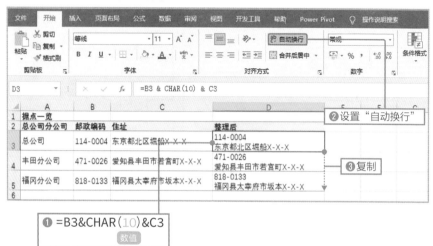

输入公式❶，选择输入公式的单元格，单击"开始"选项卡的"自动换行"按钮❷，复制公式❸。

270

置换和删除单元格内的换行

将"CHAR（10）"与SUBSTITUTE函数结合使用，可以用单元格内换行来置换特定的字符，反之，也可以用另一个字符来置换或删除单元格内换行。

● 用单元格内换行置换字符

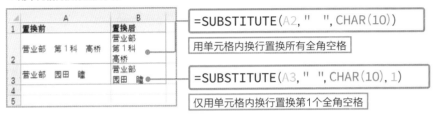

=SUBSTITUTE(A2," ",CHAR(10))

用单元格内换行置换所有全角空格

=SUBSTITUTE(A3," ",CHAR(10),1)

仅用单元格内换行置换第1个全角空格

● 置换单元格内换行

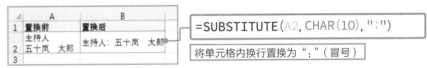

=SUBSTITUTE(A2,CHAR(10),"：")

将单元格内换行置换为"："（冒号）

● 删除单元格内换行

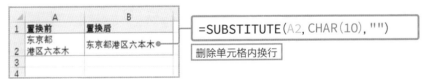

=SUBSTITUTE(A2,CHAR(10),"")

删除单元格内换行

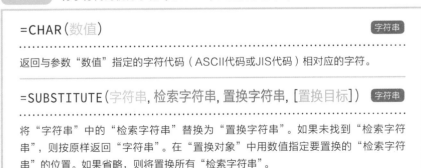

格 式　将字符代码视为字符（CHAR）、置换字符串（SUBSTITUTE）

=CHAR（数值）　字符串

返回与参数"数值"指定的字符代码（ASCII代码或JIS代码）相对应的字符。

=SUBSTITUTE(字符串,检索字符串,置换字符串,[置换目标])　字符串

将"字符串"中的"检索字符串"替换为"置换字符串"。如果未找到"检索字符串"，则按原样返回"字符串"。在"置换对象"中用数值指定要置换的"检索字符串"的位置。如果省略，则将置换所有"检索字符串"。

08 连接多个单元格中的字符串

扫码看视频

使用CONCATENATE函数连接字符串

　　Excel里有个运算符"&"用来连接字符串，我们也可以使用函数来连接字符串。连接字符串的函数与运算符"&"相比有一些优点。

　　我们可以使用CONCATENATE函数，将要连接的单元格指定为函数的参数，实现字符串连接。如果使用"函数参数"对话框，那么用于分隔参数的"，"（逗号）可以自动输入，因此，如果要连接的数据很多，用此方法会比手动输入"&"更为便捷。

● 将输入在不同单元格中的地址连接合并到一起

```
格 式    连接字符串（CONCATENATE）

=CONCATENATE（字符串1, [字符串2], …）    兼容性  字符串
········································································
连接"字符串"并返回。最多可指定255个"字符串"。可以在"字符串"中指定某
一个单元格，但不能指定单元格范围。
```

📝 笔记

CONCATENATE函数在Excel 2016/2013版本中被归类为"字符串操作"，在Excel 2019和Office 365版本中被归类为"兼容性"。

使用CONCAT函数连接字符串

在Excel 2019和Office 365版本中的Excel中，替代CONCATENATE函数的新函数是CONCAT函数。**与CONCATENATE函数不同，该函数可将单元格范围指定为参数，所以更加方便。**它可以一次性连接连续的单元格范围内的字符串。

● 连接输入在不同单元格中的住址并将其合并

格 式 连接字符串（CONCAT）

=CONCAT（字符串1，[字符串2]，…）

字符串

连接"字符串"并返回。最多可指定254个"字符串"。可将"字符串"指定为单元格范围。可以与Excel 2019和Office 365版本兼容。

📝 专栏 如何指定含有双引号的字符串？

在被双引号括起来的字符串中重复输入两个双引号，可在字符串中显示一个"""。

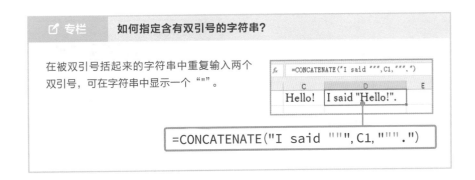

第 7 章 字符串操作和格式的统一

273

使用TEXTJOIN函数用分隔符连接字符串

使用Excel 2019和Office 365的 Excel里的新函数TEXTJOIN函数，**可以用分隔符连接各个字符串**。在公司业务应用程序中使用Excel数据时，可以使用必要的分隔符将数据分隔后整理。

在第1个参数中指定分隔符，将第3个参数及之后的参数指定为字符串。将第2个参数指定为空白单元格的处理方法，如果将其指定为TRUE，则将忽略空白单元格，如果指定为FALSE，则空白单元格也要用分隔符连接起来。需要注意的是，将其导出到其他应用程序时，可能会因为未指定为FALSE，导致列中的数据改变。

下图中，将"单据编号"到"金额"的整行数据用","（逗号）分隔开并连接起来。

● 用逗号分隔表格数据

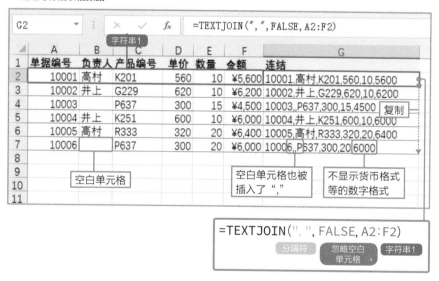

我们还可以更改每列的分隔符，实现"在列之间加逗号，在行之间加分号"之类的操作。在下面的示例中，分隔符被预先输入到了单元格范围中，该单元格范围被指定为函数的第1个参数"分隔符"，同时表中的数据被连接起来。

● 为每列指定不同的分隔符

▲	A	B	C	D	E	F	G	H
1	产品ID	产品名称	价格					
2	KB01	松	¥4,000					
3	KB02	竹	¥3,000	字符串1				
4	KB03	梅	¥2,000					
5				分隔符				
6								
7	KB01,松,4000;KB02,竹,3000;KB03,梅,2000							
8								

=TEXTJOIN(A5:C5, FALSE, A2:C4)

　　分隔符　　忽略空白
　　　　　　　单元格　　字符串1

格式　　使用分隔符连接字符串（TEXTJOIN）

=TEXTJOIN(分隔符, 忽略空白单元格, 字符串1, [字符串2], …)　　字符串

使用分隔符连接"字符串"。将"忽略空白单元格"指定为TRUE时，空白单元格会
被忽略，指定为FALSE时，空白单元格同样会添加分隔符并连接。最多可指定252个
"字符串"。可与Excel 2019和Office 365兼容。

专栏　　嵌套使用CHAR函数应用换行分隔

如果将"CHAR（10）"指定为分隔符，则可以使用换行将字符串连接在一起。下图
中，根据"住址簿"表中输入的数据创建标签。

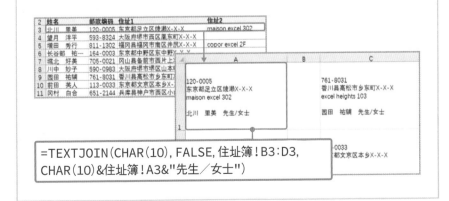

=TEXTJOIN(CHAR(10), FALSE, 住址簿!B3:D3,
CHAR(10)&住址簿!A3&"先生／女士")

09 保留数据格式连接字符串

使用TEXT函数调整数字格式后连接

连接单元格的数据时，单元格中设置的数字格式不会保留。**我们可以使用TEXT函数保留数字格式进行连接。**

在TEXT函数中，第1个参数指定"值"，第2个参数指定"数字格式"，可将数据转换为应用数字格式的字符串。参数"数字格式"可以通过将组合格式符号的字符串括在双引号中来指定。

● 连接字符串和日期

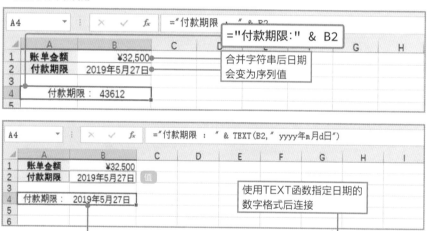

格式　将数字格式应用于值（TEXT）

=TEXT(值, 数字格式)　　　　　　　　　　　　　　字符串

为值应用"数字格式"并作为字符串返回。

● 主要的格式符号

格式符号		说明
数值	#	一位数值。如果该位数中没有数值，则不补全任何内容。 <例> =TEXT(123.456,"####.##") → 123.46
	0	一位数值。该位数中没有数值时，则用 0 来补全。 <例> =TEXT(12,"0000") → 0012 <例> =TEXT(1.2,"0.00") → 1.20
	?	一位数值。如果该位数中没有数值，要添加一个空格。用于应用等宽字体并对齐小数点。 <例> =TEXT(12.345,"???.??") → □ 12.35
	,（逗号）	千位分隔符。添加在公式之后时，每个","后省略3位。 <例> –TEXT(1234567,"#,##0") → 1,234,567 <例> =TEXT(1234567,"#,##0, 千米 ") → 1,235 千米
	%	百分比符号。 <例> =TEXT(0.9876,"0.0%") → 98.8%
	¥	货币符号。 <例> =TEXT(12345,"¥#,##0") → ¥12,345
日期	yyyy yy	yyyy 是 4 位数字的西历的年。yy 是最后两位的西历的年。 <例> =TEXT("2019/6/5","yyyy/m") → 2019/6 <例> =TEXT("2019/6/5","yymmdd") → 190605
	mm m	mm 是两位数的月份。m 是月份。 <例> =TEXT("2019/6/5","m 月 d 日 ") → 6 月 5 日
	dd d	dd 是两位数的日期。d 是日。 <例> =TEXT("2019/6/5","mm/dd") → 0605
	aaaa aaa	aaaa 是"星期二"格式的星期。aaa 是"二"格式的星期几。 <例> =TEXT("2019/6/5","m/d/(aaa)") → 6/5(三)
时间	hh h	hh 是两位数的小时。 h 是小时。 <例> =TEXT("2:34:56","hh:mm") → 02:34
	mm m	mm 是 2 位数的分钟。m 是分钟。 <例> =TEXT("2:34:56","h 时 m 分 ") → 2 时 34 分
	ss s	ss 是 2 位数的秒。s 是秒。 <例> =TEXT("2:34:56","hh:mm:ss") → 02:34:56
	AM/PM	时间以 12 小时制表示，上午为 AM，下午为 PM。 <例> =TEXT("2:34:56","AM/PM h:mm") → AM 2:34
	m	经过的时长。 <例> =TEXT("1:23","[m]") → 83

10 字符格式的基础：全角／半角、大写／小写

扫码看视频

统一全角／半角

如果"全角字符"和"半角字符"以及"大写字母"和"小写字母"不统一的话，表格看起来会非常不美观。特别是全角和半角不统一的话，相同的内容会被视为不同的数据，这在数据筛选操作中会造成麻烦，也可能会导致错误的结果。我们可以使用函数统一字符格式。

使用WIDECHAR函数可以将字符串中的半角字符转换为全角字符。

使用ASC函数可以将字符串中的全角字符转换为半角字符。汉字可保持原来的全角字符形式。

● 统一全角／半角

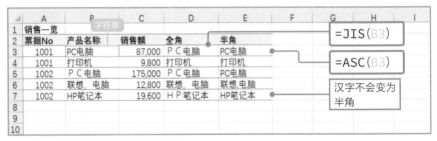

格 式 转换为全角字符（WIDECHAR），转换为半角字符（ASC）

=WIDECHAR（字符串）   字符串

将"字符串"中的半角字符转换为全角字符。

=ASC（字符串）   字符串

将"字符串"中的全角字符转换为半角字符。

统一大写 / 小写

使用UPPER函数可将字母转换为大写，使用LOWER函数可将字母转换为小写。另外，可以使用PROPER函数将每个单词的首字母转换为大写，然后将第2个及之后的字母转换为小写。无论使用以上哪种函数，字母以外的字符都会按原样返回。此外，如果要统一全角/半角的字符格式，可以组合使用WIDECHAR函数或ASC函数。

● 统一大写 / 小写

| 格式 | 转换为大写（UPPER），转换为小写（LOWER），首字母大写（PROPER） |

=UPPER（字符串）　　　　　　　　　　　　　　　　　　字符串

将"字符串"中的字母转换为大写。

=LOWER（字符串）　　　　　　　　　　　　　　　　　　字符串

将"字符串"中的字母转换为小写。

=PROPER（字符串）　　　　　　　　　　　　　　　　　字符串

将"字符串"中单词的首字母转换为大写，将单词第2个及之后的字母转换为小写。

📖 专栏　　　粘贴为"值"才能完全转换字符格式

若要统一数据中单元格的字符格式，需要复制公式单元格，然后将其以"值"的方式粘贴到原来的单元格中。详细操作参照p.286。

11 将数值按指定的位数四舍五入

扫码看视频

四舍五入并转换成含千位符的文本

使用FIXED函数可以将小数点后数值按指定的位数进行四舍五入，并且还可以确定添加或不添加千位分隔符返回文本格式的数值。

● 根据折扣计算优惠价

=FIXED(C4*(1-E4),2,FALSE)

=AVERAGE(D4:D7)

📖 专栏　　**出现"#DIV/0!"错误值的原因**

FIXED函数返回回值为文本，不能参与计算，所以计算平均价格时返回"#DIV/0!"错误值。即使将D4:D7单元格区域设置置为"数字"格式，仍然不能参与计算。

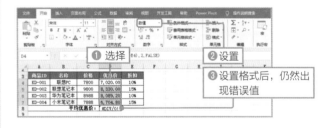

❶ 选择

❷ 设置

❸ 设置格式后，仍然出现错误值

格 式　　**四舍五入并以文本形式返回（FIXED）**

=FIXED(数值,[位数],[千分位])

信息

将"数值"指定为数值或输入数值的单元格；"位数"用于指定小数点后显示第几位；"千分位"使用布尔值指定是否要加上千位分隔符。

将数值四舍五入并添加货币符号

使用RMB函数可以将数值四舍五入，转换成加上人民币货币符号（¥）和千位分隔符的文本。RMB函数与FIXED函数一样，返回的都是"文本"格式，都不能参与计算。在Excel中将输入数值的单元格或单元格区域通过"设置单元格格式"对话框设置成"货币"格式，也可以添加货币符号，但是这只改变数值的显示形式，而不能转换成文本。

● 根据折扣计算优惠价，并添加人民币符号

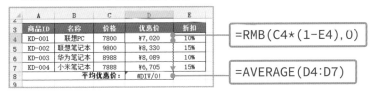

在D4:D7单元格区域中，使用RMB函数计算各商品的优惠价，在数值的左侧添加人民币符号（¥）并且使用千位分隔符。在D8单元格中使用AVERAGE函数计算优惠价的平均值，显示"#DIV/0!"错误值，其原因和FIXED函数是一样的。如果需要对优惠价进行计算，只需要在使用公式计算优惠价之后，设置格式为"货币"即可。

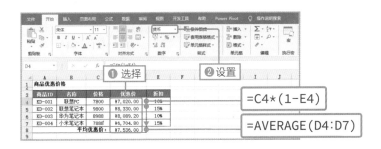

格 式　四舍五入并添加人民币符号（RMB）

=RMB(数值,[位数])　　　　　　　　　　　信息

....

将"数值"指定为数值或输入数值的单元格；"位数"用于指定小数点后显示第几位，指定为正数n时，表示小数点后第n+1位四舍五入；指定为0时，表示小数点后第1位四舍五入；指定为负数−n时，表示整数第n位四舍五入；省略时，表示小数位第3位四舍五入。

12 比较两个字符串

扫码看视频

使用EXACT函数区分字符格式进行比较

比较字符串是否相等时，我们可能会想到"="运算符，但是当我们要区分字符格式进行比较时"="运算符无法实现。这是因为"="运算符无法区分全角和半角，并将它们视为不同的字符，同时，"="运算符也不能区分大写和小写，并将它们视为相同的字符。

要区分全角和半角以及大写和小写字母，并将它们作为不同的字符进行处理的话，需要使用EXACT函数。

● 字符格式不同时判断为"不相等"

```
=IF(EXACT(B2,C2),"相等","不相等")
     字符串1  字符串2
```

不区分字符格式进行比较

接下来，我们在不区分字符格式进行的情况下进行比较。因为"="运算符不能区分大写和小写，所以如果将要比较的字符串的全角和半角字符统一起来，然后用"="运算符进行比较的话，就可以执行比较而无须区分全角和半角以及大写和小写。

● **格式不同的同一字符判断为"相等"**

D2		× ✓ fx	=IF(ASC(PHONETIC(B2))=ASC(PHONETIC(C2)),"相等","不相等")

	A	B	C	D	E	F	G	H
1	比较的种类	值1	值2	判断结果				
2	全角和半角	Apple	Ａｐｐｌｅ	相等				
3	全角和半角	Ａｐｐｌｅ	Apple	相等				
4	大写和小写	APPLE	apple	相等				
5	不相同的字符	A PPLE	APPLE	不相等				
6	相同的字符类型	APPLE	APPLE	相等				
7								
8								
9								
10								

```
=IF(ASC(PHONETIC(B2))=ASC(PHONETIC(C2)),"相等","不相等")
```

格式　　**比较字符串（EXACT），其他**

=IF(逻辑表达式, [如果为真], [如果为假])　　　　　逻辑

当"逻辑表达式"为TRUE（真）时，返回 "如果为真" 的值，为FALSE（假）时，返回"如果为假"的值。

=EXACT(字符串1, 字符串2)　　　　　字符串

"字符串1"和"字符串2"相等时返回TRUE，不相等时返回FALSE。

=ASC(字符串)　　　　　字符串

将 "字符串" 中的全角字符转换为半角字符。

=PHONETIC(引用)　　　　　信息

返回指定为"引用"的单元格中的读音。

13 计算全角和半角字符的数量

扫码看视频

计算字符串中全角和半角字符的数量

计算字符串长度的函数有LEN函数和LENB函数。这两个函数可用于检查数据中的全角和半角字符。

LEN函数仅返回字符数，LENB函数返回将全角字符计为2个字节、半角字符计为1个字节的总字节数。 例如，"PC计算机"的字符数为"5"，字节数为"2个半角字符的2个字节＋3个全角字符×2个字节＝8个字节"。

可以用LENB函数计算出的字节数减去LEN函数计算出的字符数来计算全角字符的字符数。同样，也可以用LEN函数计算出的字符数的两倍减去LENB函数计算出的字节数来计算半角字符数。以"PC计算机"为例，其全角字符数为"8-5＝3"，半角字符数为"5×2-8＝2"。

● 计算字符数、字节数、全角字符数、半角字符数

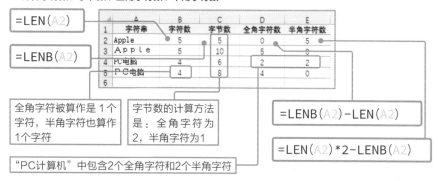

检查数据是否全部为全角／半角字符

如果数据全部为半角字符，则字符数和字节数是一样的。**如果字符数和字节数相等，则可以确定所有字符均为半角字符。** 相反，如果数据全部为全角字符，则字节数将等于字符数的2倍。**如果字符数的2倍与字节数相同，则可以判定所有的字符均为全角字符。**

● 检查字符是否均为半角字符

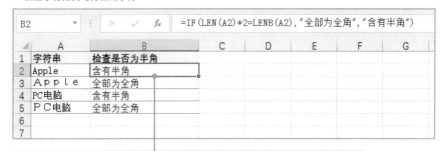

=IF(LEN(A2)=LENB(A2),"全部为半角","含有全角")

● 检查字符是否均为全角字符

=IF(LEN(A2)*2=LENB(A2),"全部为全角","含有半角")

格 式　计算字符数/字节数（LEN / LENB），条件判断（IF）

=LEN（字符串）　　　　　　　　　　　　　　　字符串

返回"字符串"所包含的字符数。

=LENB（字符串）　　　　　　　　　　　　　　字符串

返回"字符串"所包含的字节数。全角字符计为2，半角字符计为1。

=IF（逻辑表达式,[如果为真],[如果为假]）　　　逻辑

如果"逻辑表达式"为TRUE（真），则返回"如果为真"的值；如果为FALSE
（假），则返回"如果为假"的值。

使用字符串操作函数时，可以通过删除多余的空格或统一全角/半角来整理字符串数据，但是如果误删除了原始数据，该函数公式的单元格会出现错误值。在不需要原始数据时，可以复制返回值并粘贴为"数值"。

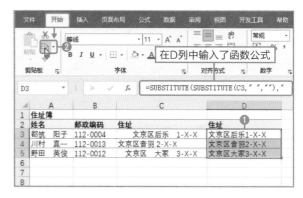

在D列中输入函数公式，删除了C列住址中的多余空格。选择输入了函数公式的单元格范围❶，单击"开始"选项卡的"复制"按钮❷。

选择C列"住址"的第一个单元格❸，单击"粘贴"按钮❹，选择"粘贴数值"选项❺。

整理后的数据会粘贴在C列中❻。D列的函数公式不再需要，可以将其删除。

第**8**章

Excel进阶技能：
函数的组合使用

LearningTips for Pros: Combinationof Tools and Functions

01 为部分数值自动填充颜色

扫码看视频

使用函数指定条件格式的条件

利用"条件格式"可为满足指定条件的单元格涂色或添加边框等操作。可以使用函数指定条件，从而自如地操作格式设定。

在"条件格式"中选择"使用公式来确定要设置格式的单元格"条件指定方法，即可以指定用于设置格式的条件表达式。在下面的示例中，我们用AVERAGE函数计算出销售额的平均值，指定条件表达式为"单元格的数值大于或等于平均值"，并对符合条件的单元格填充颜色。

● 为大于或等于平均值的单元格涂色

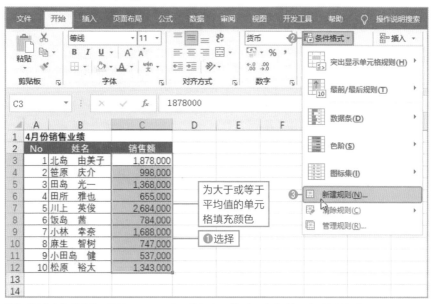

选择"销售额"栏的单元格范围C3:C12❶，单击"开始"选项卡的"条件格式"按钮❷，选择"新建规则"选项❸。

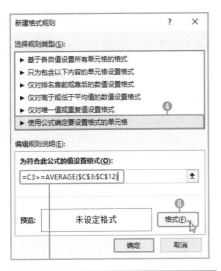
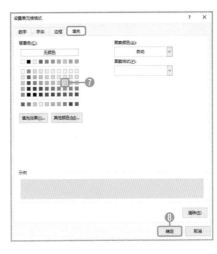

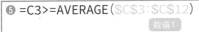

❺ =C3>=AVERAGE($C$3:$C$12)
数值1

弹出"新建格式规则"对话框，选择"使用公式确定要设置格式的单元格"❹，然后输入表达式❺。该逻辑表达式意思是"单元格C3的值等于或大于单元格范围C3:C12的平均值"。单元格C3采用相对引用，单元格范围C3:C12采用绝对引用（**p.19**）。

接下来，单击"格式"按钮❻，在打开的对话框的"填充"选项卡中选择颜色❼。单击"确定"按钮❽，返回到前一个对话框，然后单击"确定"按钮。

❾为大于或等于平均值的
单元格填充颜色

大于或等于平均值的单元格填充了颜色❾。

格 式 **求平均值（AVERAGE）**

=AVERAGE（数值1，[数值2]，…）   统计

....

求"数值"的平均值。可以将数值、单元格、单元格范围指定为"数值"。最多可指定255个"数值"。

设置条件格式的关键

条件格式的条件表达式要以"=逻辑表达式"的形式输入。逻辑表达式是一个其结果为TRUE（真）或FALSE（假）的表达式。同时为多个单元格设置条件格式时，只需为第1个单元格指定条件。

在第288页中，由于我们为单元格范围C3:C12设置了条件格式，因此需为第1个单元格C3设置条件表达式。为单元格C3填充颜色的条件是"单元格C3的值大于或等于单元格范围C3:C12的平均值"。可以通过"AVERAGE(C3:C12)"计算出单元格范围C3:C12的平均值，因此，条件表达式可以表示成下面的式子。

$$=C3>=AVERAGE(C3:C12)$$ ← 为第1个单元格C3指定条件

当上面的条件表达式为TRUE时（成立时），则适用指定的格式。

但是，如果为多个单元格设定条件格式，则需注意单元格引用。**就像在表的第1个单元格中输入公式后复制时一样，我们同样可以使用相对引用来指定想要变动的单元格引用，使用绝对引用来指定要固定的单元格引用。**

$$=C3>=AVERAGE(\$C\$3:\$C\$12)$$
相对引用　　　　　　　　绝对引用

表示条件为"当前单元格的值大于或等于单元格范围C3:C12的平均值"

	A	B	C
1	4月份销售业绩		
2	No	姓名	销售额
3	1	北岛　由美子	1,878,000
4	2	笹原　庆介	998,000
5	3	田岛　光一	1,368,000
6	4	田所　雅也	655,000
7	5	川上　英俊	2,684,000
8	6	饭岛　茜	784,000
9	7	小林　幸奈	1,688,000
10	8	麻生　智树	747,000
11	9	小田岛　健	537,000
12	10	松原　裕太	1,343,000
13			

=C3>=AVERAGE($C$3:$C$12)

=C4>=AVERAGE($C$3:$C$12)

=C5>=AVERAGE($C$3:$C$12)

确定单元格引用的方法与在表的第1个单元格中输入公式并进行复制的情况相同。因为C3引用是变动的，所以采用相对引用来指定，而"C3:C12"是需要固定的，所以采用绝对引用来指定。

对所有行进行格式设置

尽管在第288页中作为条件对象的单元格与要设置格式的单元格是相同的，但我们也可以将特定列的单元格作为条件的对象对所有的行设置格式。**这时，要使用固定列的复合引用来指定条件对象单元格的引用（p.22）。**

=$C3>=AVERAGE($C$3:$C$12)
固定列的复合引用

表示条件"当前行的C列中的值大于或等于单元格范围C3:C12的平均值"

● 为大于等于平均值的行填充颜色

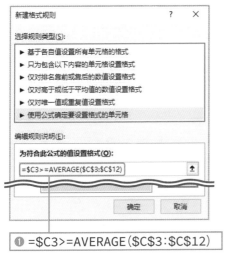

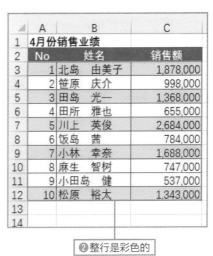

❶ =$C3>=AVERAGE($C$3:$C$12)

❷整行是彩色的

选择单元格范围A3:C12并使用固定列的复合引用来设置条件表达式❶，所有大于等于平均值的行均应用格式❷。

为第1名填充不同颜色

我们可以在同一单元格范围内设置多重条件格式。设置多个条件时，要按照优先级从高到低的顺序进行设置。例如，将"大于或等于平均值"这一条件设置成黄色格式后，将"第1名"的条件设置成橙色格式，那么第1名同时满足两个条件"大于或等于平均值"和"第1名"，之后设置的橙色也同样可以适用于它。

● **将第1名变为橙色**

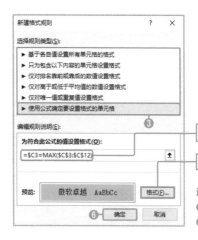

❶选择

❷依次单击"开始"选项卡的"条件格式"→"新建规则"

我们先设置前3名的条件格式，使前3名显示为黄色。选择单元格范围A3:C12❶，然后依次单击"开始"选项卡的"条件格式"→"新建规则"❷。

❹ =$C3=MAX($C$3:$C$12)

❺选择橙色

选择"使用公式确定要设置格式的单元格"❸，输入公式❹。单击"格式"按钮，选择橙色❺，单击"确定"按钮❻。

❼第1名变为橙色

第1名变成橙色❼。

格 式　　**求最大值（MAX）**

=MAX（数值1, [数值2], …） 统计

求"数值"的最大值。可以将数值、单元格、单元格范围指定为"数值"。最多可指定255个"数值"。

如何编辑条件格式

选择设置了条件格式的单元格范围，依次单击"开始"选项卡的"条件格式"→"管理规则"，弹出"条件格式规则管理器"对话框。利用此对话框可进行条件格式的编辑。

● 编辑条件格式

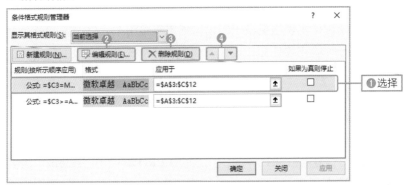

● 编辑条件和格式

单击选择要编辑的条件❶，然后单击"编辑规则"按钮❷，显示与"新建格式规则"对话框相同的页面，在此页面中可以修改条件表达式，单击"格式"按钮可更改格式。

● 删除特定的条件

选择条件❶，单击"删除规则"按钮❸，可删除选择的条件。

● 更改条件的优先级

选择条件❶，单击▲按钮或▼按钮❹，可更改条件的优先级。

清除多重条件格式

选择设置了条件格式的单元格范围，依次单击"开始"选项卡的"条件格式"→"清除规则"→"清除所选单元格规则"可清除条件格式。

02　自动隔行填充颜色

扫码看视频

根据行号仅填充奇数行的颜色

隔行填充颜色可使表格更易于阅读。如果直接为单元格设置颜色，则在删除或移动行时填充效果会被破坏，利用条件格式来填充颜色的话，原有的填充效果会保持不变，使用起来会很方便。

这里我们设置奇数行的颜色填充。利用条件格式隔行填充，需要将获取当前行号的ROW函数与获取除法余数的MOD函数组合使用，然后设定条件"当前行的行号除以2的余数为1"。当前行的行号可用"ROW（）"表示，当前行的行号除以2的余数可用"MOD（ROW(),2）"来获取。若要为偶数行设置填充颜色，则将条件设置为"当前行的行号除以2的余数为0"。

● 给奇数行填充颜色

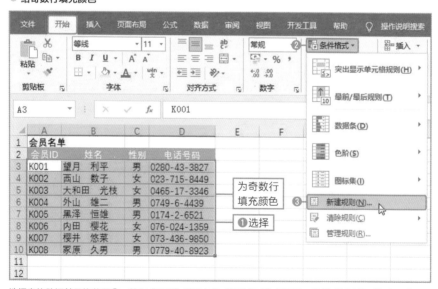

选择表的数据单元格范围❶，单击"开始"选项卡的"条件格式"按钮❷，选择"新建规则"选项❸。

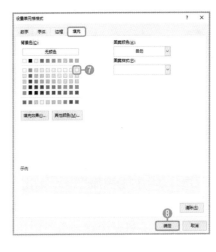

⑤ =MOD(ROW(), 2)=1
　　　　　　　数值　除数

打开"新建格式规则"对话框后，选择"使用公式确定要设置格式的单元格"**④**，输入公式**⑤**。该公式是一个逻辑表达式，意思是"当前行的行号除以2的余数为1"。接下来，单击"格式"按钮**⑥**，在打开的对话框的"填充"选项卡中选择颜色**⑦**。单击"确定"按钮**⑧**，返回上一个对话框，单击"确定"按钮。

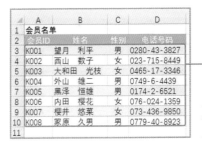

⑨ 奇数行已填充颜色

只有奇数行被填充了颜色**⑨**。由于我们使用了条件格式进行颜色填充，所以，即使删除或替换行，该填充效果始终只适用于奇数行。

格 式 **获取除法运算的余数（MOD），获取行号（ROW）**

=MOD(数值, 除数)　　　　　　　　　　　　　　　　数学

求出将"数值"除以"除数"时的余数。

=ROW([引用])　　　　　　　　　　　　　　　　　　检索

获取指定为"引用"的单元格的行号。如果省略了"引用"，则获取输入了公式的单元格的行号。

03 使输入数据的行 自动显示边框

扫码看视频

在当前行输入数据时显示边框

利用条件格式，可以在输入数据的行上自动显示边框。设置后，每次添加数据时都会自动添加边框，使用起来特别方便。

这里我们使用OR函数，满足"在当前行单元格范围中的至少一个单元格里输入了数据"这一条件时，在单元格上显示边框。逻辑表达式"OR(A1:E1)<>"""可表示"单元格范围A1:E1中至少一个单元格已输入数据"这一条件。我们要为整个A列到D列设置条件格式，以便之后无论添加多少行的数据都能自动显示边框。标题行的单元格范围A1:E1也显示了边框，之后可将其条件格式取消。

● **在满足已输入了数据的条件下绘制边框**

选择A～E列❶，单击"开始"选项卡的"条件格式"按钮❷，选择"新建规则"选项❸。

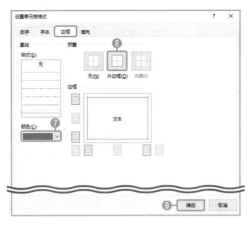

⑤ =OR($A1:$E1<>"")
逻辑表达式1

打开"新建格式规则"对话框后，选择"使用公式确定要设置格式的单元格"④，输入公式⑤。此公式是
一个逻辑表达式，表示"A到E列的当前行中至少有一个单元格不为空"。接下来，单击"格式"按钮
⑥，在打开的对话框的"边框"选项卡中选择边框的颜色⑦，单击"外边框"按钮⑧。之后，单击"确
定"按钮⑨，返回前一个对话框，单击"确定"按钮。

⑪清除条件格式
⑩显示边框

⑬边框显示在新行上

在输入数据单元格范围上显示了边框⑩。
选择单元格范围A1:E1，参照第303页的
内容清除条件格式⑪。在单元格中输入数
据⑫，所有输入数据的行都会显示边框
⑬。

格 式 "或"条件（OR）

=OR（逻辑表达式1，[逻辑表达式2]，…）   逻辑

当至少一个指定的"逻辑表达式"为TRUE(真)时，返回TRUE。否则，返回
FALSE。最多可指定255个"逻辑表达式"。

第 8 章 Excel进阶技能：函数的组合使用

297

04 每隔5行
更改边框的线型

扫码看视频

根据行号除以5的余数确定边框的线型

　　隔一定的行数变更表中边框的线型，更易于把握数据的数量。我们利用条件格式设置边框，即使移动或删除行，也会自动重新设置边框。

　　我们先将表的外边框设置为实线，将表格内边框设置为极细线。利用条件格式并指定"当前行的行号除以5的余数为2"为条件，设置下边框，即可每隔5行改变边框线型。应用到其他表时，可用第一个下边框位置的行号（这里是7）除以5获得的余数来代替本例中的2。另外，下图示例中，通过取消选中"视图"选项卡的"网格线"复选框隐藏了单元格边框。

● **每隔5行画一条边框**

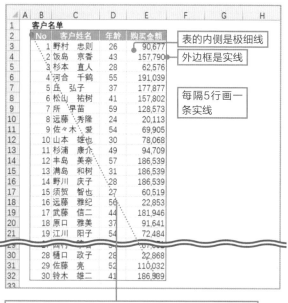

首先将表的四周设成实线，并将表的行或列的边界设成极细线。在表的数据行中选择单元格范围B3:E32，然后依次单击"开始"选项卡的"条件格式"按钮，选择"新建规则"选项❶。

❶选择单元格范围B3:E32，然后在"开始"选项卡中单击"条件格式"按钮，选择"新建规则"选项。

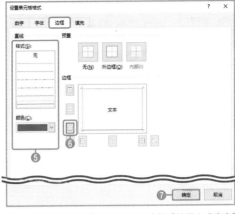

打开"新建格式规则"对话框后，选择"使用公式确定要设置格式的单元格"❷，然后输入公式❸。该公式是一个逻辑表达式，意思是"当前行的行号除以5的余数为2"。接下来，单击"格式"按钮❹，在打开对话框的"边框"选项卡中选择线型❺，然后单击"下边框"按钮❻。单击"确定"按钮❼，返回上一对话框，单击"确定"按钮。

❸ =MOD(ROW(), 5)=2

❽每隔5行显示一条实线边框

行号除以5余数为2的行，也就是第7、12、17、22、27、32、32行，显示了实线的边框❽。

格 式　获取除法运算的余数（MOD），获取行号（ROW）

=MOD(数值, 除数)　　　　　　　　　　　　　　数学

获取"数值"除以"除数"时的余数。

=ROW([引用])　　　　　　　　　　　　　　　　检索

获取指定为"引用"的单元格的行号。如果省略了"引用"，则获取输入了公式的单元格的行号。

05 自动为日程表中的 周末和节假日填充颜色

扫码看视频

将周六和周日、节假日用颜色区分开

下面我们为日程表中的周六日和节假日的行填充颜色。周六的行填充为浅蓝色，周日和节假日的行填充为浅橙色。

要将周六日、节假日用颜色区分开来，需要设置3种条件格式："A列的单元格是周六""A列的单元格是周日""A列的单元格是节假日"。在同一单元格中设置多种条件格式时，需要按照优先级顺序进行设置。如果周六和节假日重叠的话，则优先应用节假日的橙色，因此要最后设置节假日的条件。首先，我们利用WEEKDAY函数来设置周六和周日。可以先设置周六或周日的任何一个。

● 周六用浅蓝色填充，周日用浅橙色填充

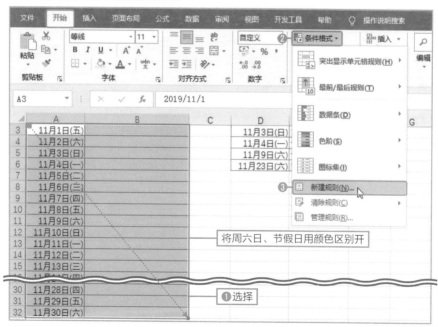

选择表的数据单元格范围A3:B32❶，单击"开始"选项卡的"条件格式"按钮❷，选择"新建规则"选项❸。

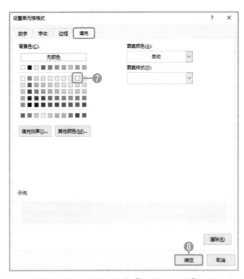

⑤ =WEEKDAY($A3)=7
　　　　　　　　序列值

打开"新建格式规则"对话框后，选择"使用公式确定要设置格式的单元格"④，输入公式⑤。该公式是一个逻辑表达式，表示"当前行A列的单元格中的日期星期数等于7（周六）"。接下来，单击"格式"按钮⑥，然后在打开对话框的"填充"选项卡中选择颜色⑦。单击"确定"按钮⑧，返回上一个对话框，单击"确定"按钮。

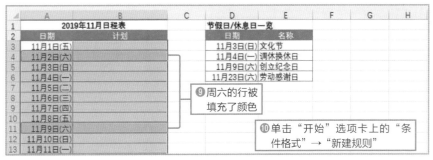

⑨ 周六的行被填充了颜色

⑩ 单击"开始"选项卡上的"条件格式"→"新建规则"

周六的行即被填充了颜色⑨。接下来，设置周日的格式。选择单元格范围，单击"开始"选项卡的"条件格式"按钮并选择"新建规则"选项⑩。

格 式　　从日期中获取星期（WEEKDAY）

=WEEKDAY(序列值,[种类])　　　　　　　　　日期

．．

获取与"序列值"相对应的日期。在"种类"中指定返回值的类型。如果省略"种类"，则返回值为1（周日）~ 7（周六）。（参数表p.348）

② =WEEKDAY($A3)=1

选择"使用公式确定要设置格式的单元格"⑪，输入公式⑫。该公式是一个逻辑表达式，表示"当前行A列中的单元格中日期的星期数等于1（周日）"。然后单击"格式"按钮，选择浅橙色⑬，单击"确定"按钮⑭。

⑮周六和周日的行被填充了颜色

周六的行变成了浅蓝色，周日的行变成了浅橙色⑮。

为节假日的行填充颜色

接下来，我们为节假日的行填充颜色。要判断日程表中的日期是否为节假日，需要提前创建一个节假日一览表。**使用COUNTIF函数可以获取A3中的日期是否包含在节假日一览表中，如果包含，则使用颜色填充将其和其他日期区分开。**

格式　计算符合条件的数据数量（COUNTIF）

=COUNTIF（条件范围,条件）　　　　　　　　　　统计
....
从"条件范围"中检索与"条件"匹配的数据并返回其数量。

302

● 使节假日的行变成浅橙色

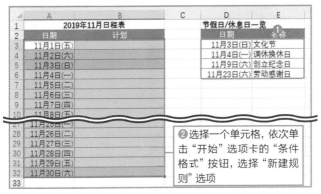

制作如节假日或周年纪念日等的休息日一览表❶。选择单元格范围A3:B32❷，单击"开始"选项卡的"条件格式"按钮，选择"新建规则"选项。

❷选择一个单元格，依次单击"开始"选项卡的"条件格式"按钮，选择"新建规则"选项

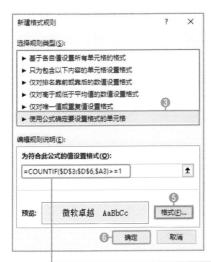

选择"使用公式确定要设置格式的单元格"❸，输入公式❹。该公式是一个逻辑表达式，表示"A列单元格中的日期，在单元格范围D3:D6中有一个或多个"。接下来，单击"格式"按钮并选择浅橙色❺，然后单击"确定"按钮❻。

❹ =COUNTIF($D$3:$D$6, $A3)>=1
条件范围　条件

❼休息日一览表中包含的日期所在的行变为浅橙色

❽节假日的橙色优先于周六的蓝色

周六日、节假日分别用填充色区分开了❼❽。

06 使同一列中无法输入重复数据

扫码看视频

利用"数据验证"功能检查重复数据

我们可以使用"数据验证"功能来限制在单元格中输入的值。事先禁止输入不合适的数据，可以避免输入数据后的检查及校正的麻烦，从而节约操作时间。

设置"数据验证"时，如果将"验证条件"选择为"自定义"，则可以用逻辑表达式指定可以输入到单元格的值的条件。仅允许输入符合逻辑表达式的数据。

这里我们利用COUNTIF函数设置禁止在"客户代码"栏中输入重复数据。

● 禁止"客户代码"栏中输入重复数据

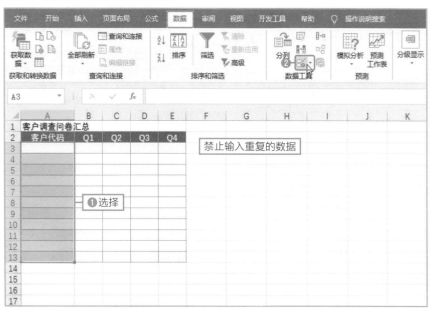

选择"客户代码"栏中单元格范围A3:A13❶，单击"数据"选项卡的"数据验证"按钮❷。

显示"数据验证"对话框，在"设置"选项卡中❸，选择"验证条件"栏中"自定义"选项❹，然后在"公式"栏中输入作为条件的公式❺。这里，我们指定的条件意思是"在单元格范围A3:A13中与单元格A3相同的值只有一个"。

❺ =COUNTIF($A$3:$A$13, A3)=1

条件范围　　条件

接下来，在"出错警告"选项卡中❻，输入违反输入规则的值时显示的错误信息❼，然后单击"确定"按钮❽。

如果在"客户代码"栏中输入已经输入过的数据❾，则将显示指定的错误消息❿。单击"重试"按钮可以重新输入，单击"取消"按钮可取消输入。

格式　　计算符合条件的数据数量（COUNTIF）

=COUNTIF(条件范围, 条件)　　　　　　　　　　　统计

从"条件范围"中检索与"条件"相匹配的数据，并返回其数量。

输入规则的设置要点

在"数据验证"中，以逻辑表达式的形式指定输入到单元格的数据条件。为多个单元格设置数据验证时，要为第1个单元格指定条件。注意，需要变动的单元格要采用相对引用来指定，需要固定的单元格则采用绝对引用（p.19）来指定，其方式与在表的第1个单元格中输入公式后复制的方式相同。在上一页的示例中，因为要固定COUNTIF函数的第1个参数"条件范围"，所以采用了绝对引用来指定。而第2个参数"条件"需要变动，因此采用了相对引用来指定。

=COUNTIF($A$3:$A$13, A3)=1
　　　　　　绝对引用　　　相对引用

→ 表示条件"当前单元格的值在单元格范围A3:A13中有1个"

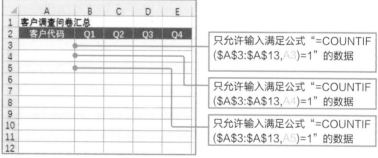

只允许输入满足公式"=COUNTIF($A$3:$A$13,A3)=1"的数据

只允许输入满足公式"=COUNTIF($A$3:$A$13,A4)=1"的数据

只允许输入满足公式"=COUNTIF($A$3:$A$13,A5)=1"的数据

在设置了数据验证的单元格中输入数据后，会根据指定的条件进行判断。如果条件表达式成立，则会直接输入到单元格中，如果条件表达式不成立，则将显示指定的错误消息。

在列中输入已输入的数据

由于"COUNTIF($A$3:$A$13,A6)"的返回值为2，条件表达式不成立，因此显示错误消息另外，此处可以限制的只是键盘输入的数据。粘贴复制数据时，可能会输入违反输入规则的数据。

为整列设置输入规则

为后续需要添加数据的表设置数据验证时，整列设置会比较方便。在选中整列的状态下设置数据验证，然后再清除带有表的标题或列标题的单元格的输入规则即可。

● **为整列设置输入规则**

选择A列❶，设置条件格式❷。这时，指定第1个单元格A1的条件。

选择单元格范围A1:A2 ❸，打开"数据验证"对话框，单击"全部清除"按钮❹，即可清除表的标题或列标题的输入规则。

07 限定只能在单元格中输入以100为单位的数值

扫码看视频

以"100为单位"作为条件设置输入规则

收到订单时，我们有时要对数量的单位设定限制，例如"50为单位"。设置了输入规则后，输入不符合条件的数据时将显示错误消息。

这里，我们设置为在表格的"数量"栏中只能输入"100为单位"的数值，例如0、100、200、300等。**如果数据除以100的余数为0，则可以判断该数据是"100为单位"。另外，也可添加禁止输入负数的条件。**含有两个条件时，可以使用AND函数，组合指定两个条件。

● 输入奇数时弹出错误消息

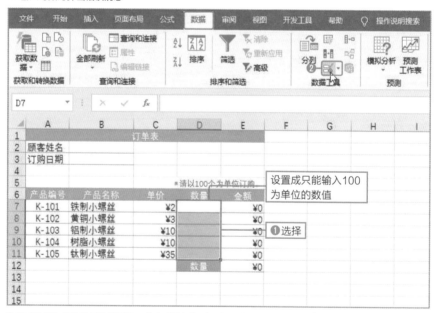

选择"数量"栏的单元格范围❶，单击"数据"选项卡的"数据验证"按钮❷。

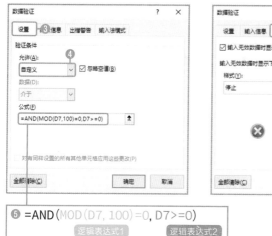

⑤ =AND(MOD(D7, 100)=0, D7>=0)
　　　　　逻辑表达式1　　　　　逻辑表达式2

在"设置"选项卡中❸，选择"验证条件"栏中"自定义"选项❹，然后在"公式"栏中输入公式❺。这里，指定条件的意思是"单元格D7除以100获得的余数是0，并且单元格D7的值是0或0以上"。接下来，在"出错警告"选项卡中❻，输入违反输入规则的值时显示的错误消息❼，然后单击"确定"按钮❽。

如果输入的数值不是100的倍数或输入了负数❾，则显示指定的错误消息❿。单击"重试"按钮可以重新输入，单击"取消"按钮可以取消输入。

格 式　　"或"条件（AND），获取除法运算的余数（MOD）

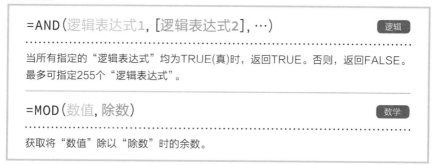

=AND(逻辑表达式1, [逻辑表达式2], …)　　　　　　　　　　　　　逻辑

当所有指定的"逻辑表达式"均为TRUE(真)时，返回TRUE。否则，返回FALSE。最多可指定255个"逻辑表达式"。

─────────────────────

=MOD(数值, 除数)　　　　　　　　　　　　　　　　　　　　　　数学

获取将"数值"除以"除数"时的余数。

08 强制／禁止
在姓名中输入全角空格

扫码看视频

FIND函数的返回值为数值时可以判定包含全角空格

　　将FIND函数与输入规则结合使用，可强制输入某些特定的字符，或禁止输入某些特定字符。

　　如果我们将FIND函数的第1个参数"检索字符串"指定为全角空格"　"，创建公式"=FIND（"　"),B3"，则可以检查在单元格B3中数据的全角空格位于第几个字符。例如，如果单元格B3的值为"山田　太郎"，因为全角空格位于第3个字符，所以返回值为3。如果单元格B3是"山田太郎"，因为其中不包含全角空格，返回值将是错误值"#VALUE"。

　　使用判断数据是否为数值的ISNUMBER函数，将"＝ISNUMBER（=FIND（"　"），B3））"指定为输入规则，则只能在单元格B3中输入带有全角空格的数据。该使用技巧具有广泛的应用价值，我们可以通过改变FIND函数的第1个参数来强制输入指定字符。

● **强制在"姓名"栏中输入含全角空格的数据**

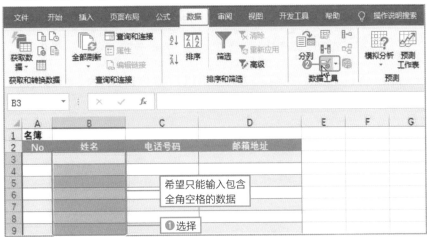

选择"姓名"栏的单元格范围❶，单击在"数据"选项卡的"数据验证"按钮❷。

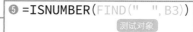

⑤ =ISNUMBER(FIND(" ",B3))
测试对象

在"设置"选项卡中③，选择"验证条件"栏中"自定义"选项④，然后在"公式"栏中输入公式⑤。这里指定的条件意思为"单元格B3包含全角空格"。

接下来，在"出错警告"选项卡中输入违反输入规则的值时要显示的错误消息⑥，单击"确定"按钮⑦。

如果输入了不包含全角空格的数据⑧，则将显示指定的错误消息⑨。单击"重试"按钮可以重新输入，单击"取消"按钮可以取消输入。

> **格 式** 判断是否为数值（ISNUMBER），检索字符串（FIND）

=ISNUMBER(测试对象)   信息
···
如果"测试对象"是数值或者日期/时间，则返回TRUE，反之返回FALSE。

=FIND(检索字符串, 对象, [开始位置])   字符串
···
可检索"检索字符串"位于"对象"的第几个字符，并返回其数值。在"开始位置"中，指定开始检索的位置。如果省略，则从"对象"的第1个字符开始检索。如果"对象"中未包含"检索字符串"，则返回"#VALUE！"。

> **专栏** 禁止输入特定字符

使用判断数据是否为错误值的ISERROR函数，将"=ISERROR(FIND(" ",B3))"指定为输入规则，可以禁止输入全角空格。如果指定的是"=AND(ISERROR(FIND(" ", B3)),ISERROR(FIND(" ", B3)))"，则既不能输入全角空格，也不能输入半角空格。

第8章 Excel进阶技能：函数的组合使用

09 限定只能输入工作日

扫码看视频

判断输入的数据是否为工作日

　　将需要输入工作日日期的单元格设成禁止输入休息日，可以避免检查或更正数据的麻烦。使用NETWORKDAYS.INTL函数可以判断日期是工作日还是休息日。

　　NETWORKDAYS.INTL函数用于获取期间内的工作日数量。可以为第1个参数"开始日期"和第2个参数"结束日期"指定相同的日期，如果指定的日期是工作日，则返回1，如果指定的日期是休息日，则返回0。将输入规则设置为返回值是1，则只能在单元格中输入工作日的日期。这里，将周二设置为休息日，将单元格范围E3:E4中的日期作为追加的休息日，然后在表的"面试日期"列中设置输入规则。要使周二成为休息日，需要将13指定为NETWORKDAYS.INTL函数的第3个参数"周末"。

● 输入休息日后弹出错误提示

在空白单元格中输入除周二以外的休息日❶。选择"面试日期"的单元格范围❷，单击"数据"选项卡中
"数据验证"按钮❸。

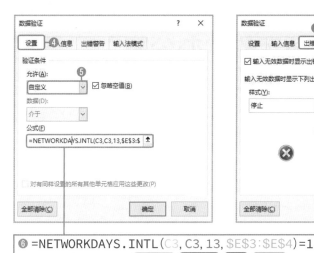

⑥ =NETWORKDAYS.INTL(C3, C3, 13, $E$3:$E$4)=1

开始日期　结束日期　周末　节假日

在"设置"选项卡中④，选择"验证条件"栏"自定义"选项⑤，在"公式"栏中输入公式⑥。这里指定的条件表示"单元格C3中的日期是工作日"。接下来，在"出错警告"选项卡中⑦，输入在输入了违反输入规则的值时要显示的错误消息⑧，单击"确定"按钮⑨。

若输入休息日的日期⑩，将显示指定的错误消息⑪。单击"重试"按钮可重新输入，单击"取消"按钮可取消输入。

格　式　**指定休息日并获取〇个工作日前后的日期（NETWORKDAY.INTL）**

=NETWORKDAYS.INTL(开始日期, 结束日期, [周末], [节假日]) 日期

用"周末"指定的星期以及"节假日"指定的日期作为休息日，获取从"开始日期"到"结束日期"的工作日的数量。如果省略"周末"，则周六和周日为休息日。如果省略"节假日"，则仅"周末"为休息日。（参数表p.334）

10　根据指定的"办公室"切换"部门"的输入清单

扫码看视频

设置各办公室部门单元格范围的名称

如果在"办公室"列中选择"总公司",则会在"部门"列中显示总公司的部门列表,如果选择"横滨办公室",则将显示横滨办公室的部门列表……这里,向大家展示如何实现这种输入列表的切换。

● 完成目标

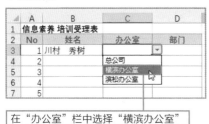

在"办公室"栏中选择"横滨办公室"

横滨办公室的部门列表显示在"部门"栏中

为了切换"部门"栏的输入列表,需要先将每个办公室部门的单元格范围设置成相应的办公室名称。 也就是将横滨办公室的部门的单元格范围命名为"横滨办公室"。

● 命名部门清单

❷输入"总公司"　　❸命名为"横滨办公室"　　❹命名为"滨松办公室"

选择总公司的部门单元格范围❶,在名称框中输入"总公司"按 Enter 键❷,该单元格范围被命名为了"总公司"。同样地,为其办公室的部门单元格范围命名❸❹。

314

设置"办公室"栏的输入列表

接下来，设置"办公室"栏输入数据的输入列表，可直接在列表中选择"总公司""横滨办公室""滨松办公室"以实现输入。"部门清单"的列标题可作为输入列表中显示的数据。

● 设置"办公室"栏的输入列表

先在任意一个单元格范围中输入上一页设置的3个办公室名称"总公司""横滨办公室""滨松办公室"❶。选择表中的"办公室"栏❷，单击"数据验证"按钮❸。

在打开的对话框的"设置"选项卡中❹，选择"验证条件"中"序列"选项❺，然后在"来源"栏中输入"=$F$2:$H$2"❻。单击"确定"按钮❼。这样，即可在输入办公室名称时从输入列表中进行选择❽。

设置"部门"栏的输入列表

最后，我们设置在选择"办公室"之后，在"部门"栏中输入时，显示对应的办公室的部门列表进行选择输入。

我们需要使用在第324页中设置的名称和INDIRECT函数。INDIRECT函数可根据指定为参数的字符串返回实际的单元格引用。例如，**在单元格C3中输入了"横滨办公室"，若在其他单元格中输入"=INDIRECT（C3）"，则会返回名为"横滨办公室"的单元格范围G3:G7**。在输入列表的"来源"栏中进行设置，则可以显示单元格C3中输入的办公室名称对应的部门列表。

● **设置"部门"栏的输入列表**

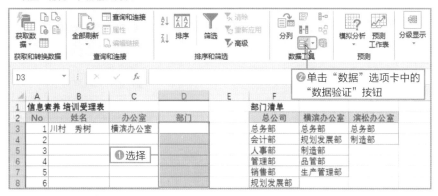

选择表的"部门"栏①，单击"数据"选项卡中的"数据验证"按钮②。

在打开的对话框的"设置"选项卡中③，选择"验证条件"中"序列"选项④，在"来源"栏中输入"=INDIRECT(C3)"⑤，单击"确定"按钮⑥。打开"部门"栏的输入列表后，会显示指定的办公室所对应的部门⑦。

> 📝 **笔记**
>
> 在输入了部门后，如果变更办公室的话，办公室与部门之间会出现不一致的情况，因此在变更办公室时一定要记得更改部门。

将字符串转换为单元格引用（INDIRECT）

=INDIRECT(引用字符串,[引用格式])

检索

根据指定为"引用字符串"的字符串返回实际的单元格引用。将"引用字符串"指定为例如单元格编号或名称的字符串。以A1格式指定"引用字符串"时，可以将"引用格式"指定为TRUE或省略。以R1C1格式指定时，可以将"引用格式"指定为FALSE。易变函数。

实用专业技巧！ **将已命名的单元格区域的第1列作为输入列表**

在某些情况下，我们会为表的数据部分设置名称，然后使用VLOOKUP函数进行检索。使用INDEX函数，可以利用其名称设置输入列表。

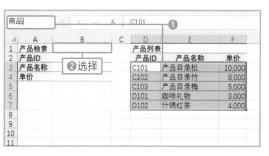

在名称栏中将检索用的单元格范围命名为"商品"❶。选择要在其中输入检索值的单元格❷，然后单击"数据"选项卡中的"数据验证"按钮。

❹ =INDEX(商品, 0, 1)

在"验证条件"栏中选择"序列"选项❸，在"来源"栏中输入公式❹。该公式意思是"商品单元格范围的第1列"。

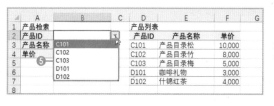

选择单元格并单击▼按钮，"商品"单元格范围的第1列中的数据将显示在输入列表中❺。

第8章 Excel进阶技能：函数的组合使用

317

11 添加数据时输入列表内的项目自动添加

扫码看视频

自动获取输入项目并显示到输入列表中

需要添加输入列表中的项目时，若重新打开"数据验证"对话框进行设置会非常麻烦。本节介绍一种在单元格中输入要添加的项目时自动显示在输入列表中的便捷方法。

这里我们要在会员名单的"使用计划"栏中设置输入列表。在E列中输入要显示在列表中的数据，并通过OFFSET函数和COUNTA函数的组合获取其输入范围。首先，利用COUNTA函数获取E列中的数据数量，并减去单元格E1的标题数1以获取项目数（下图为4）。**使用OFFSET函数获取从单元格E2开始的多行（此处为4行）中1列的单元格范围，并将其设置为输入列表的"来源"，则E列中新输入的项目可以自动显示在输入列表中。**

● 自动获取从单元格E2开始的数据并将其显示在输入列表中

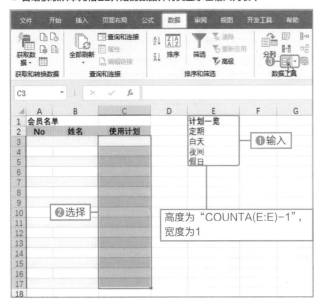

在E列的单元格中输入要显示在列表中的项目❶。注意，一定要从最上面开始在连续的单元格中输入数据。选择"使用计划"栏的单元格范围❷，然后单击"数据"选项卡中的"数据验证"按钮❸。

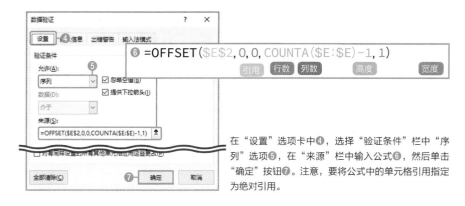

⑥ =OFFSET($E$2, 0, 0, COUNTA($E:$E)−1, 1)

引用　行数　列数　　　高度　　　宽度

在"设置"选项卡中❹，选择"验证条件"栏中"序列"选项❺，在"来源"栏中输入公式❻，然后单击"确定"按钮❼。注意，要将公式中的单元格引用指定为绝对引用。

打开"使用计划"栏的单元格的输入列表，即显示输入到E列中的项目❽。

添加项目到E列后❾，该项目会自动添加到输入列表中❿。

格式　　变更单元格范围（OFFSET）、计算数据数量（COUNTA）

=OFFSET(引用, 行数, 列数, [高度], [宽度])　　　检索

从"引用"的单元格开始，移动"行数"行"列数"列的位置的单元格为起点，返回指定的"高度"和"宽度"的单元格范围。如果将"行数""列数"指定为正数，则向下/向右移动；如果指定为负数，则向上/向左移动；如果指定为0，则不移动。如果省略"高度"和"宽度"，则大小与"引用"相同。易变函数。

=COUNTA(值1, [值2], …)　　　统计

计算"值"中所包含的数据数量。空白单元格不计算在内。最多可指定255个"值"。

12 根据数据数量自动扩展名称的引用范围或打印范围

扫码看视频

根据数据数量自动扩展名称的引用范围

在第328页，我们介绍了组合使用OFFSET函数和COUNTA函数获取数据输入范围的技巧。此技巧对于自动扩展名称的引用范围或打印范围也同样适用。

命名单元格除了使用名称框之外，还可以利用"新建名称"对话框来完成。后一种方法可以指定公式作为名称的引用范围。**通过组合使用OFFSET函数和COUNTA函数获取数据的输入范围，对其进行指定，可使新添加的数据自动添加到名称的引用范围内。**这样就不必多次重新设置引用范围了。这里我们试着将产品清单里的产品数据的单元格范围命名为"商品"。

● 自动获取从单元格D3开始的数据范围并设置名称

要将产品数据的输入范围（此处为单元格范围D3:F7）命名为"商品"❶。首先，单击"公式"选项卡中的"定义名称"按钮❷。

❶要将产品数据的输入范围命名为"商品"

高度为"COUNTA(D:D)−2"，宽度为3

弹出"新建名称"对话框。在"名称"栏中输入"商品"❸，然后在"引用位置"栏中输入公式❹。这时，要将单元格引用设为绝对引用。最后，单击"确定"按钮❺。现在，D列的数据数为7，因此，从单元格D3开始5行和3列的单元格范围即被命名为了"商品"。

❹ =OFFSET($D$3, 0, 0, COUNTA($D:$D)-2, 3)
　　　　　　引用　　行数　列数　　　　　高度　　　　　宽度

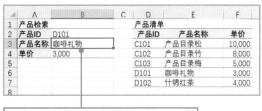

设置好的名称可以用作函数的参数来使用。左图中，我们将其用作VLOOKUP函数的参数❻。

❻ =VLOOKUP(B2, 商品, 2, FALSE)

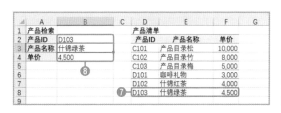

将1件产品的数据添加到产品列表后❼，名称的引用范围会自动扩展1行。这样我们可以在不修改公式的情况下查找新的产品数据❽。

格 式　　变更单元格范围（OFFSET），获取数据数量（COUNTA）

=OFFSET(引用, 行数, 列数, [高度], [宽度])　　　　　　　检索

从"引用"的单元格开始，移动"行数"行"列数"列的位置的单元格为起点，返回指定的"高度"和"宽度"的单元格范围。如果将"行数""列数"指定为正数，则向下/向右移动；如果指定为负数，则向上/向左移动；如果指定为0，则不移动。如果省略"高度"和"宽度"，则大小与"引用"相同。易变函数。

=COUNTA(值1, [值2], …)　　　　　　　统计

计算"值"中所包含的数据数量。空白单元格不计算在内。最多可指定255个"值"。

第 8 章　Excel进阶技能·函数的组合使用

321

根据数据数量自动扩展打印范围

　　将要打印的单元格范围命名为"Print_Area"，在打印时只自动打印"Print_Area"的单元格范围。由于可以为每个工作表设置名称"Print_Area"，因此在定义名称时，一定要指定工作表的名称作为适用"范围"。

● 自动获取并打印从单元格A1开始的数据范围

只想打印输入了销售数据的范围，忽略销售数据尚未输入的行❶。首先，在"公式"选项卡中单击"定义名称"按钮❷。

❺ =OFFSET($A$1, 0, 0, COUNTA($A:$A), 4)

> 引用　行数　列数　高度　宽度

在打开的对话框的"名称"栏中输入"Print_Area"❸。在"范围"栏中选择工作表名称❹，输入公式❺。这时，一定要将单元格引用设置为绝对引用。最后，单击"确定"按钮❻。

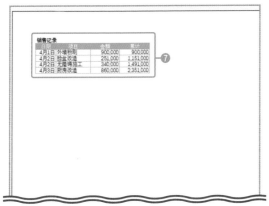

确认打印预览，可以看到输入了销售数据的单元格范围成了打印目标❼。
添加数据后，新数据也会自动包含在打印范围内。另外，由于要打印的行数是以A列中的数据数为基准的，因此添加数据时，一定要确保在A列的连续单元格中输入数据。

📖 专栏　　工作表名称会自动添加到公式内的单元格引用中

在"新建名称"对话框中输入公式时，单击或拖动单元格时，系统会以带有工作表名称"Sheet1!$A$1"的形式输入。这时输入的工作表名称可以不用管。

另一方面，如果要手动输入单元格引用，那么只需输入"$A$1"，而无须添加工作表名称，工作表名称会自动添加。定义名称后，单击"公式"选项卡的"名称管理器"按钮，打开"名称管理器"对话框，确认工作表名称是否出现在公式的单元格引用中。

📖 专栏　　如何更方便地输入公式？

"新建名称"对话框中公式的输入栏很窄，因此在此输入公式有些不便。我们可以暂且输入"=OFFSET($A$1,0,0)"来创建一个名称，然后在"名称管理器"对话框中修改这个公式，即可以使公式的输入更加方便。

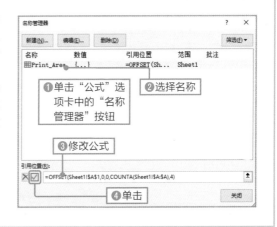

13 新添加的数据 自动显示在图表中

为图表的数据来源单元格范围设置名称

我们在第33页介绍的获取数据输入范围的技巧也可应用于图表的自动扩展。我们**可以设置将每次添加到表中的数据自动添加到图表中**。由于输入数据的同时图表会随之发生改变，因此可以即时进行数据分析。

这里我们以下面的折线图为例，介绍其操作方法。

● 确认操作对象的折线图

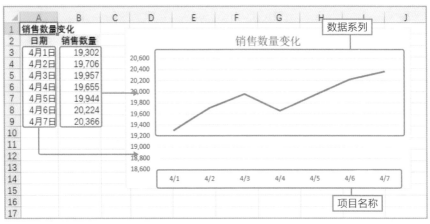

在该图中，表的"日期"列中的数据是横轴上项目名称的原始数据，而"销售数量"列中的数据是折线图数据系列的原始数据。

在准备阶段，我们需要命名图表数据来源的单元格范围。将表中的"日期"栏命名为"日期"，将"销售数量"栏命名为"销售数量"。本例的关键是利用OFFSET函数和COUNTA函数根据数据数量的变化自动扩展名称的单元格范围。

● 为图表数据来源的单元格范围设置名称

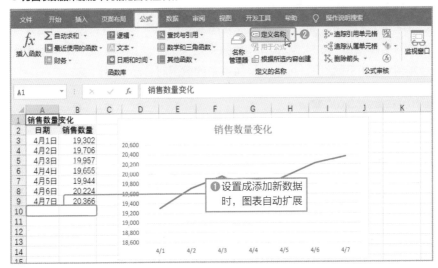

设置成添加新数据时自动在图表上显示新数据❶。单击"公式"选项卡中的"定义名称"按钮❷。

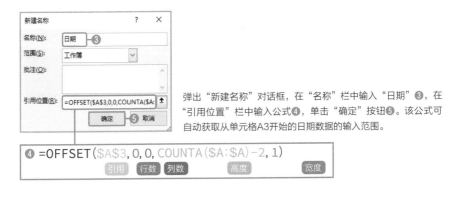

弹出"新建名称"对话框，在"名称"栏中输入"日期"❸，在"引用位置"栏中输入公式❹，单击"确定"按钮❺。该公式可自动获取从单元格A3开始的日期数据的输入范围。

❹ =OFFSET($A$3, 0, 0, COUNTA($A:$A)-2, 1)
　　　　引用　行数　列数　　　高度　　　　宽度

再次执行步骤❷，弹出"新建名称"对话框。在"名称"栏中输入"销售数量"❻，在"引用位置"栏中输入公式❼，然后单击"确定"按钮❽。该公式表示自动获取从单元格B3开始的销售数量数据的输入范围。

❼ =OFFSET($B$3, 0, 0, COUNTA($B:$B)-1, 1)
　　　　引用　行数　列数　　　高度　　　　宽度

第8章　Excel进阶技能：函数的组合使用

325

根据数据数量自动扩展图表

准备好名称后，接下来我们设置图表。图表看似和函数无关，但是图表系列实际是由一个叫作SERIES函数来定义的。通过将上页中定义的名称合并到SERIES函数中，可以在添加表中的数据时自动扩展图表。

● 自动获取数据范围以扩展图表

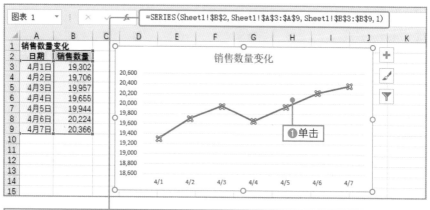

❷ =SERIES(Sheet1!$B$2, Sheet1!$A$3:$A$9, Sheet1!$B$3:$B$9, 1)

单击折线❶，SERIES函数会显示在公式栏中❷。此函数的第2个参数表示项目名称（此处为表的"日期"栏）的单元格范围，第3个参数表示数据系列（此处为销售数量）的单元格范围。

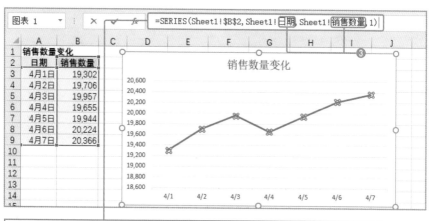

❹ =SERIES(Sheet1!$B$2, Sheet1!日期, Sheet1!销售数量, 1)

将SERIES函数的参数❸的部分（❹的公式中用红色标注的部分），由上页中设置的名称来代替❹。

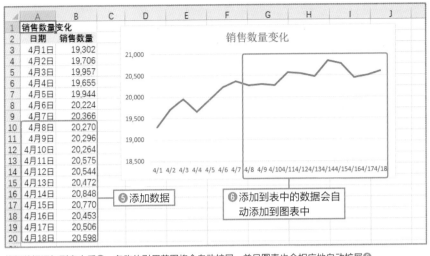

	A	B
1	销售数量变化	
2	日期	销售数量
3	4月1日	19,302
4	4月2日	19,706
5	4月3日	19,957
6	4月4日	19,655
7	4月5日	19,944
8	4月6日	20,224
9	4月7日	20,366
10	4月8日	20,270
11	4月9日	20,296
12	4月10日	20,264
13	4月11日	20,575
14	4月12日	20,544
15	4月13日	20,472
16	4月14日	20,848
17	4月15日	20,770
18	4月16日	20,453
19	4月17日	20,506
20	4月18日	20,598

❺ 添加数据

❻ 添加到表中的数据会自动添加到图表中

将新数据添加到表中后❺，名称的引用范围将会自动扩展，并且图表也会相应地自动扩展❻。

📝 **笔记**

SERIES函数是一种特殊函数，我们在图表上选择一个数据系列时，即会出现在公式栏中，但它无法在单元格中进行输入。

格 式 **本例使用的函数**

=OFFSET(引用, 行数, 列数, [高度], [宽度])　　　检索

从"引用"的单元格开始，移动"行数"行"列数"列的位置的单元格为起点，返回指定的"高度"和"宽度"的单元格范围。如果将"行数""列数"指定为正数，则向下/向右移动；如果指定为负数，则向上/向左移动；如果指定为0，则不移动。如果省略"高度"和"宽度"，则大小与"引用"相同。易变函数。

=COUNTA(值1, [值2], …)　　　统计

计算"值"中所包含的数据数量。空白单元格不计算在内。最多可指定255个"值"。

=SERIES(系列名称, 项目名称, 数值, 顺序)　　　

参数"系列名称"可指定系列名称，"项目名称"可指定要在项目轴上显示的数据，"数值"可指定作为图表基础的数值，"顺序"可指定在图表上排列多个数据系列的顺序，并定义图表的数据系列。

函数索引 | Index

　　本书把函数按其首字母顺序进行了排列，并将其总结在了"函数索引"中。在确认函数的功能、参数或分类时，可以参考此函数索引。

分类图标的含义

| 逻辑 ：逻辑 | 字符串 ：字符串操作 | 日期 ：日期／时间 | 检索 ：索引／检索 |
| 数学 ：数学／三角 | 统计 ：统计 | 信息 ：信息 | 兼容性 ：兼容性 |

A

=AND（逻辑表达式1，[逻辑表达式2]，…）　　　　　　　　　　　　　　逻辑

如果指定的所有"逻辑表达式"均为TRUE（真），则返回TRUE。反之则返回FALSE。最多可以指定255个"逻辑表达式"。

=ASC（字符串）　　　　　　　　　　　　　　　　　　　　　　　　字符串

将包含在"字符串"中的全角字符转换为半角字符。

=AVERAGE（数值1，[数值2]，…）　　　　　　　　　　　　　　　　　统计

求"数值"的平均值。"数值"可以指定为数值、单元格或单元格范围。

=AVERAGEIF（条件范围，条件，[平均范围]）　　　　　　　　　　　　统计

从"条件范围"中检索符合 "条件"的数据，并获取与检索到的数据相对应的"平均范围"的数值的平均值。如果省略"平均范围"，则符合"条件"的数值将作为计算的对象。

C

=CERLING（数值，基准值）　　　　　　　　　　　　　　　　　　　相容性

将数值向上舍入到最接近参考值的倍数的值。

=CEILING.MATH（数值，[基准值]，[模式]）　　　　　　　　　　　　数学

将"数值"向上舍入到"基准值"的最接近倍数。如果省略"基准值"，则将获得1的倍数。如果将"模式"中指定为0或省略，则沿"数值"增加的方向处理。如果指定的值不是0，则沿"数值"的绝对值增加的方向处理。Excel2013／2016/2019和Office 365版本可兼容。

328

=CHAR(数值)

返回与参数"数值"指定的字符代码（ASCII代码或JIS代码）相对应的字符。

=CHOOSE(索引, 值1, [值2], …)
检索

返回与指定为"索引"的数值相对应的"值"。如果"索引"为1，则返回"值1"，如果为2，则返回"值2"。最多可指定254个"值"。

=CODE(字符串)
字符串

以十进制数的数值返回"字符串"的第1个字符的字符代码（ASCII代码或JIS代码）。

=COLUMN([引用])
检索

获取指定为"引用"的单元格的列号的数值。如果省略了"引用"，则获取输入了公式的单元格的列号的数值。

=COLUMNS([数组])
检索

获取"数组"中包含的单元格范围或数组的列数。

=CONCAT(字符串1, [字符串2], …)
字符串

连接"字符串"后返回。最多可指定254个"字符串"。可在"字符串"中指定单元格范围。可以与Excel 2019和Office 365版本兼容。

=CONCATENATE(字符串1, [字符串2], …)
兼容性　字符串

连接"字符串"后返回。最多可指定255个"字符串"。可以在"字符串"中指定某一个单元格，但不能指定单元格范围。

=COUNT(数值1, [数值2], …)
统计

求"数值"的数量。"数值"可以指定为数值、单元格或单元格范围。最多可指定255个"数值"。

=COUNTA(值1, [值2], …)
统计

获取"值"中包含的数据数。空白单元格不计算在内。最多可指定255个"值"。

=COUNTBLANK(范围)
统计

获取"范围"中包含的空白单元格的数量。

=COUNTIF(条件范围, 条件)
统计

从"条件范围"中检索符合"条件"的数据并返回数据的数量。

=COUNTIFS(条件范围1, 条件1, [条件范围2, 条件2], …)
统计

从"条件范围"中检索符合"条件"的数据，并获取检索到的数据的数量。最多可以指定127组"条件范围"和"条件"。

=DATE(年, 月, 日)　`日期`

根据"年""月"和"日"的数值返回日期。

=DATEDIF(开始日期, 结束日期, 单位)　`---`

按指定的"单位"返回从"开始日期"到"结束日期"的期间的长度。使用下表中的字符串指定"单位"。

单位	说明	"=DATEDIF("2018/1/1","2019/3/4", 单位)"的结果
"Y"	整年	1年（1年2个月零3天内的整年数）
"M"	整月	14个月（1年2个月和3天内的整月数）
"D"	整天	427日（1年零2个月零3天的整天数）
"YM"	少于一年的月数	2个月（从一年2个月零3天中减去一年后剩余的月数）
"YD"	少于一年的天数	62日（从1年零2个月零3天减去1年后剩下的天数）
"MD"	少于一个月的天数	3日（从1年2个月3天减去14个月后剩余的天数）

=DAY(序列值)　`日期`

提取与"序列值"相对应的"日"。通常将"序列值"指定为日期数据。

=EDATE(开始日期, 月)　`日期`

获取"开始日期"的"月"数之后的日期的序列值。如果为"月"指定了负数，则将获取"月"数之前的日期。

=EOMONTH(开始日期, 月)　`日期`

如果为"月"指定一个正数，则可以获取"开始日期"之后的月份的最后一天。如果指定为0，则可以获取"开始日期"当前月份的最后一天；如果指定为负数，则可以获取"开始日期"前一个月的最后一天。

=EXACT(字符串1, 字符串2)　`字符串`

"字符串1"和"字符串2"相等时返回TRUE，不相等时返回FALSE。

=FIND(检索字符串, 对象, [开始位置])　`字符串`

检索"检索字符串"在"对象"中的位置，返回其数值。在"开始位置"中，指定开始检索的位置。如果省略，则会从"对象"的第1个字符开始检索。如果"对象"中不包含"检索字符串"，则返回"#VALUE!"。

=FLOOR(数值, 基准值)　`兼容性`

将"数值"向下舍入到最接近"基准值"的倍数的值。

=FLOOR.MATH(数值, [基准值], [模式])

将"数值"向下舍入到"基准值"的倍数内的最近的值。如果省略"基准值",则可以获取1的倍数。如果将"模式"指定为0或省略,则会向"数值"变小的方向处理。如果指定为0以外的数值,则会向"数值"的绝对值变小的方向处理。Excel 2013/2016/2019、Office 365版本可兼容。

G·H

=GEOMEAN(数值1, [数值2], …)

统计

获取"数值"的相乘平均。可以将数值、单元格、单元格范围指定为"数值"。最多可以指定255个"数值"。

=HLOOKUP(检索值, 范围, 行号, [检索方法])

统计

从"范围"的第1行开始搜索"检索值",并返回在找到的列的"行号"位置的数据。如果将"检索方法"指定为FALSE,则执行完全匹配搜索;如果指定为TRUE或省略,则执行近似匹配搜索。

=HOUR(序列值)

日期

提取与"序列值"相对应的"小时"。返回值是0~23范围内的整数。

=HYPERLINK(链接地址, [别名])

检索

创建一个跳转到"链接地址"的超链接。要使其跳转到单元格,需要在"链接地址"中以""#A""""#Sheet1!A1""的形式来指定。"别名"用于指定要在单元格中显示的字符串,如果省略,则显示"链接地址"。

I

=IF(逻辑表达式, [如果为真], [如果为假])

逻辑

当"逻辑表达式"为TRUE(真)时,返回"如果为真"的值,如果为FALSE(假),返回"如果为假"的值。

=IFERROR(值, 发生错误时的值)

逻辑

如果"值"不是错误值,则返回"值"。如果"值"是错误值,则返回"发生错误时的值"。

=IFS(逻辑表达式1, 值1, [逻辑表达式2, 值2], …)

逻辑

从第一个条件开始按顺序判断逻辑表达式,返回与"逻辑表达式"为TRUE(真)的相对应的"值"。如果未找到产生TRUE的"逻辑表达式",则返回"#N/A"。最多可以指定127对"逻辑表达式"和"值"。与Excel 2019和Office 365版本兼容。

=INDEX(引用, 行号, [列号], [区域编号])

检索

返回"引用"中用"行号"和"列号"指定的位置的单元格引用。如果"引用"是1行或1列,则可省略"列号"。将0指定为"行号"或"列号"会返回对整个列或行的引用。"区域编号"可确定当将多个单元格范围指定为"引用"时将第几个区域作为检索对象。

=INDIRECT(引用字符串, [引用格式])

检索

从指定为"引用字符串"的字符串返回实际的单元格引用。将"引用字符串"指定为单元格编号或名称等的字符串。以A1格式指定"引用字符串"时，需将"引用格式"指定为TRUE或省略。以R1C1格式指定时，需将"引用格式"指定为FALSE。易变函数。

=INT(数值)

数学

返回小于或等于"数值"且最接近"数值"的整数。如果"数值"为正数，则返回舍去了小数部分后的数值。

=ISBLANK(测试对象)

信息

如果"测试对象"是空白单元格（未输入内容的单元格），则返回TRUE，否则返回FALSE。

=ISERROR(测试对象)

信息

如果"测试对象"是错误值，则返回TRUE，否则返回FALSE。

=ISNUMBER(测试对象)

信息

"测试对象"是数值或日期/时间时，返回TRUE，否则返回FALSE。

=ISTEXT(测试对象)

信息

如果"测试对象"是字符串，则返回 TRUE，否则返回 FALSE。

J·L

=WIDECHAR(字符串)

字符串

将包含在"字符串"中的半角字符转换为全角字符。

=LARGE(数组, 顺序)

统计

返回从指定的数值中最大值开始的"顺序"号的数值到"数组"中。

=LEFT(字符串, [字符数])

字符串

从"字符串"的开头提取"字符数"的字符串。如果省略"字符数"，则从"字符串"的开头提取1个字符。

=LEN(字符串)

字符串

返回"字符串"的字符数。

=LENB(字符串)

字符串

返回"字符串"所包含的字节数。全角字符计为2，半角字符计为1。

=LOWER(字符串, 开始位置, 字符数)

字符串

将包含在"字符串"中的字母转换为小写。

=MATCH(检验值, 检验范围, [匹配类型]) 检索

查找"检查值"位于"检查范围"的第几位。用完全匹配检索的话, 需要将"匹配类型"指定为0。

匹配类型	说明
1或省略	检索等于或小于"检验值"的最大值。"检查范围"按升序排列
0	检索与"检验值"匹配的值。如果找不到, 则返回"#N/A"
-1	检索等于或大于"检验值"的最小值。"检查范围"按降序排列

=MAX(数值1, [数值2], …) 统计

求"数值"的最大值。"数值"可以指定为数值、单元格或单元格范围。最多可指定255个"数值"。

=MAXIFS(最大范围, 条件范围1, 条件1, [条件范围2, 条件2], …) 统计

从"条件范围"中检索符合"条件"的数据, 并找到与检索到的数据相对应的"最大范围"的数值的最大值。最多可以指定127组"条件范围"和"条件"。与Excel 2019和Office 365版本兼容。

=MEDIAN(数值1, [数值2], …) 统计

获取"数值"的中位数(将"数值"按大小顺序排列后位于中间的值)。可以将数值、单元格、单元格范围指定为"数值"。如果"数值"的数量为奇数, 则返回位于数值中间的数值, 如果"数值"的数量为偶数, 则返回位于数值中间的两个数值的平均值。

=MID(字符串, 开始位置, 字符数) 字符串

从"字符串"的"开始位置"提取"字符数"的字符串。在"开始位置"中, 第1个字符被认定为1, 可以指定开始提取的字符位置。

=MIN(数值1, [数值2], …) 统计

求"数值"的最小值。"数值"可以指定为数值、单元格或单元格范围。最多可指定255个"数值"。

=MINIFS(最小范围, 条件范围1, 条件1, [条件范围2, 条件2] …) 统计

从"条件范围"中检索符合"条件"的数据, 并获取与检索到的数据相对应的"最小范围"的数值的最小值。最多可以指定127组"条件范围"和"条件"。与Excel 2019和Office 365版本兼容。

=MINUTE(序列值) 日期

提取与"序列值"相对应的"分钟"。返回值是0~59范围内的整数。

=MOD(数值, 除数) 数学

求"数值"除以"除数"时得到的余数。

=MONTH(序列值) 日期

获取与"序列值"相对应的"月"。通常将"序列值"指定为日期数据。

=MROUND（数值, 基准值） 数学

将"数值"规整为"基准值"的倍数。如果"数值"除以"基准值"的余数部分小于"基准值"的一半，则将其向下舍入，如果大于其一半，则将其向上舍入。

N

=NETWORKDAYS（开始日期, 结束日期, [节假日]） 日期

将周六日以及指定为"节假日"的日期定为休息日，获取从"开始日期"到"结束日期"的工作日数。如果省略"节假日"，则仅周六日为休息日。

=NETWORKDAYS.INTL（开始日期, 结束日期, [周末], [节假日]） 日期

将"周末"中指定的星期和"节假日"中指定的日期设置为休息日，获取从"开始日期"到"结束日期"的工作日数。如果省略"周末"，则周六日是休息日。如果省略"节假日"，则仅"周末"是休息日。

周末	说明		周末	说明
1或省略	周六和周日		11	仅周日
2	周日和周一		12	仅周一
3	周一和周二		13	仅周二
4	周二和周三		14	仅周三
5	周三和周四		15	仅周四
6	周四和周五		16	仅周五
7	周五和周六		17	仅周六

=NOT（逻辑表达式） 逻辑

当"逻辑表达式"为TRUE时返回FALSE，为FALSE时返回TRUE。

O

=OFFSET（引用, 行数, 列数, [高度], [宽度]） 检索

从"引用"单元格开始，移动"行数"行"列数"列的位置的单元格为起点，返回指定"高度"和"宽度"的单元格范围。如果将"行数""列数"指定为正数，则向右向下移动；如果指定为负数，则向左向上移动；如果指定为0，则不移动。如果省略"高度"和"宽度"，则其大小将与"引用"相同。易变函数。

=OR（逻辑表达式1, [逻辑表达式2], …） 逻辑

如果至少有一个指定的"逻辑表达式"为TRUE（真），则返回TRUE。反之，则返回FALSE。最多可指定255个"逻辑表达式"。

=PHONETIC(参考)

返回指定为"引用"的单元格的读音（日文版Excel）；连接某区域内的文本（中文版Excel）。

=PROPER(字符串, [字符数]) 字符串

将"字符串"中单词的首字母转换为大写，将单词的第2个及之后的字母转换为小写。

=RANDBETWEEN(最小值, 最大值) 数学

返回大于等于"最小值"且小于等于"最大值"的整数的随机数。易变函数。

=RANK.EQ(数值, 引用, [顺序]) 统计

获取"引用"单元格范围中的"数值"的排序。如果将"顺序"指定为0或省略，则获取降序排名；如果指定为1，则获取升序排名。

=REPLACE(字符串, 开始位置, 字符数, 置换字符串) 字符串

从"字符串"的"开始位置"开始将"字符数"的字符串置换为"置换字符串"。

=RIGHT(字符串, [字符数]) 字符串

从"字符串"的末尾开始提取"字符数"的字符串。如果省略"字符数"，则从"字符串"的末尾开始提取1个字符。

=ROUND(数值, 位数) 数学

用指定的"位数"将"数值"四舍五入。如果将"位数"指定为0，"数值"的小数点后的部分会被四舍五入并返回整数。

功能	函数的示例	参数［位数］的值和返回值				
		−2	−1	0	1	2
四舍五入	ROUND（1234.567,位数）	1200	1230	1235	1234.6	1234.57
向后取整	ROUNDDOWN（1234.567,位数）	1200	1230	1234	1234.5	1234.56
向前取整	ROUNDUP（1234.567, 位数）	1300	1240	1235	1234.6	1234.57
处理对象的位数		十位数	个位数	小数点后第1位	小数点后第2位	小数点后第3位

=ROUNDDOWN(数值, 位数) 数学

以指定为"数值"的"位数"舍入。如果将"位数"指定为0，则"数值"小数点后的数值将被截断并返回整数。（参照ROUND函数参数表）

=ROUNDUP(数值, 位数) 数学

以指定的"位数"向上舍入"数值"。如果将"位数"指定为0，则"数值"后的小数点以后的数值会被向上舍入并返回整数。（参照ROUND函数参数表）

函数索引 Index

=ROW([引用])

获取指定为 "引用" 的单元格的行号。如果省略了 "引用",则可获取输入了公式的单元格的行号。

=ROWS([数组])

检索

获取 "数组" 中包含的单元格范围或数组的行数。

S

=SECOND(序列值)

日期

提取与 "序列值" 相对应的 "秒"。返回值是0~59范围内的整数。

=SERIES(系列名称, 项目名称, 数值, 顺序)

参数 "系列名称" 可指定系列名称,"项目名称" 可指定要在项目轴上显示的数据,"数值" 可指定作为图表基础的数值,"顺序" 可指定在图表上排列多个数据系列的顺序,并定义图表的数据系列。

=SMALL(数组, 顺序)

统计

在 "数组" 的数值中,从小数值开始返回到 "顺序" 号的数值。

=SUBSTITUTE(字符串, 检索字符串, 置换字符串, [置换目标])

字符串

将 "字符串" 中的 "检索字符串" 置换为 "置换字符串"。如果未找到 "检索字符串",则按原样返回 "字符串"。"置换目标" 用于指定要将第几个 "检索字符串" 作为 "置换目标"。如果省略,则置换所有的 "检索字符串"。

=SUMTOTAL(汇总方法, 引用1, [引用2], …)

数学

使用 "汇总方法" 中指定的函数汇总方法来汇总 "引用" 的数据。最多可指定254个 "引用"。

汇总方法	汇总方法（隐藏行除外）	函数	说明
1	101	AVERAGE	平均值
2	102	COUNT	数值的数量
3	103	COUNTA	数据的数量
4	104	MAX	最大值
5	105	MIN	最小值
6	106	PRODUCT	积
7	107	STDEV.S	无偏标准偏差
8	108	STDEV.P	样品标准偏差
9	109	SUM	合计值
10	110	VAR.S	标准差
11	111	VAR.P	样本方差

=SUM(数值1, [数值2], …)

求"数值"的总和。"数值"可以指定为数值、单元格、单元格范围。最多可指定255个"数值"。

=SUMIF(条件范围, 条件, [合计范围]) 数学

从"条件范围"中检索与"条件"相匹配的数据,并且将与检索到的数据相对应的"合计范围"内的数值相加。如果省略"合计范围",则符合"条件"的"条件范围"内的数值将作为合计对象。

=SUMIFS(合计范围, 条件范围1, 条件1, [条件范围2, 条件2], …) 数学

从"条件范围"中检索符合"条件"的数据,并对与检索到的数据相对应的"合计范围"的数值进行求和。最多可以指定127对"条件范围"和"条件"。

=SUMPRODUCT(数组1, [数组2], …) 数学

将位于各"数组"中相同位置的各要素相乘后求和。最多可指定255个"数组"。

=SWITCH(表达式, 值1, 结果1, [值2, 结果2], ...[默认值]) 逻辑

将"表达式"与"值"进行比较,并返回与第1个匹配"值"相对应的"结果"。如果没有匹配的"值",则返回"默认值"。最多可指定126对"值"和"结果"。与Excel 2019、Office 365版本兼容。

T

=TEXT(值, 显示格式) 字符串

返回指定"显示格式"的字符串。

=TEXTJOIN(分隔符, 忽略空白单元格, 字符串1, [字符串2], …) 字符串

使用分隔符连接"字符串"。将"忽略空白单元格"指定为TRUE时,空白单元格会被忽略,指定为FALSE时,则空白单元格也会用分隔符连接。最多可指定252个"字符串"。可与Excel 2019和Office 365版本兼容。

=TODAY() 日期

返回当前的日期。易变函数。

=TRIM(字符串) 字符串

从"字符串"中删除全角/半角空格。单词间留出一个空格。

=TRIMMEAN(数组, 比例) 统计

排除"数组"上下指定比例的数据并求剩余数值的平均值。如果将"比例"指定为0.2,则将排除数组前后各10%的数据。如果被排除的数据数不是整数,则小数点后的数值会被截断。

=UPPER(字符串)

将"字符串"中的字母转换为大写。

=VLOOKUP(检索值, 范围, 列号, [检索方法])

从"范围"的第1列开始搜索"检索值",并返回找到的行的"列号"中的数据。如果将"检索方法"指定为FALSE,则执行完全匹配检索;如果指定为TRUE或省略,则执行近似匹配检索。

=WEEKDAY(序列值, [种类])

获取与"序列值"相对应的星期编号。在"种类"中指定返回值的种类。如果省略"种类",则返回值将为1(周日)~7(周六)。

种类	返回值	种类	返回值
1或省略	1(周日)~7(周六)	13	1(周三)~7(周二)
2	1(周一)~7(周日)	14	1(周四)~7(周三)
3	0(周一)~6(周日)	15	1(周五)~7(周四)
11	1(周一)~7(周日)	16	1(周六)~7(周五)
12	1(周二)~7(周一)	17	1(周日)~7(周六)

=WEEKUM(序列值, [周的基准])

获取与"序列值"相对应的周数。在"周的基准"中可指定一周的开始日期是周几,以及第1周是包含1月1日的1周还是包含第1个周四的周。如果省略,则意味着该周从周日开始,而第1周是包含1月1日的那周。(参数表p.348)

周的基准	周的开始日期	系统	周的基准	周的开始日期	系统
1或省略	星期日	系统1	14	星期四	系统1
2	星期一	系统1	15	星期五	系统1
11	星期一	系统1	16	星期六	系统1
12	星期二	系统1	17	星期日	系统1
13	星期三	系统1	21	星期一	系统2

=WORKDAY(开始日期, 天数, [节假日])

将周六日以及被指定为"节假日"的日期作为休息日,计算从"开始日期"开始的"天数"之前/之后的工作日的日期。如果省略"节假日",则只有周六日为休息日。

=WORKDAY.INTL(开始日期, 天数, [周末], [节假日])

将"周末"中指定的星期和"节假日"的日期作为休息日,计算从"开始日期"开始的"天数"之前/之后的工作日的日期。如果省略"周末",则周六日为休息日。如果省略"节假日",则只有周六日为休息日。(参数表p.344,参照NETWORKDAYS.INTL函数)

=YEAR(序列值)

提取与"序列值"相对应的"年"。通常将"序列值"指定为日期数据。